黄河流域生态环境保护治理协同战略研究

迟妍妍　张丽苹　刘斯洋

付　乐　王晶晶　王夏晖　　著

中国环境出版集团·北京

图书在版编目（CIP）数据

黄河流域生态环境保护治理协同战略研究 / 迟妍妍
等著. -- 北京 ： 中国环境出版集团，2024. 10.
ISBN 978-7-5111-5932-8

Ⅰ．X321.22

中国国家版本馆CIP数据核字第202478UB46号

策划编辑　葛　莉
责任编辑　宾银平
封面设计　宋　瑞

出版发行　**中国环境出版集团**
　　　　　（100062　北京市东城区广渠门内大街 16 号）
　　　　　网　　址：http://www.cesp.com.cn
　　　　　电子邮箱：bjgl@cesp.com.cn
　　　　　联系电话：010-67112765（编辑管理部）
　　　　　发行热线：010-67125803，010-67113405（传真）
印　　刷　北京中献拓方科技发展有限公司
经　　销　各地新华书店
版　　次　2024 年 10 月第 1 版
印　　次　2024 年 10 月第 1 次印刷
开　　本　787×1092　1/16
印　　张　9
字　　数　144 千字
定　　价　72.00 元

中国环境出版集团郑重承诺：
中国环境出版集团合作的印刷单位、材料单位均具有中国环境标志产品认证。

前　言

　　黄河是中华民族的母亲河，是连接青藏高原、黄土高原、华北平原的生态廊道。黄河流域拥有三江源、祁连山等多个国家公园和国家重点生态功能区，是我国生态安全屏障的重要组成部分。党的十八大以来，习近平总书记一直关怀、牵挂着黄河的保护与治理，多次深入黄河沿线视察调研，发表重要讲话，作出重要指示，为黄河流域生态保护和经济发展掌舵领航。2019 年 8 月，习近平总书记在甘肃考察时指出，治理黄河，重在保护，要在治理，要坚持山水林田湖草综合治理、系统治理、源头治理，统筹推进各项工作，加强协同配合，共同抓好大保护，协同推进大治理，推动黄河流域高质量发展，让黄河成为造福人民的"幸福河"。2019 年 9 月，习近平总书记在郑州主持召开黄河流域生态保护和高质量发展座谈会并发表重要讲话，指出黄河是中华民族的母亲河，保护母亲河是事关中华民族伟大复兴的千秋大计。黄河流域生态保护和高质量发展，同京津冀协同发展、长江经济带发展、粤港澳大湾区建设、长三角一体化发展一样，成为重大国家战略。

　　黄河流域以全国约 2% 的水资源承载了全国约 12% 的人口、17% 的耕地，灌溉了全国 13% 的农田，生产了全国 13% 的粮食，提供了全国 80% 的煤炭，被誉为中国的"能源基地"。水资源是制约黄河流域保护和发展的核心要素，能源绿色低碳转型是实现黄河流域高质量发展的关键要义，生态安全又是黄河流域生态保护与高质量发展战略的重大要求，水-能源-生态系统三者形成互为基础、相互依存、彼此促进的有机整体，如何发挥三者之间的协同增效潜力，推动黄河流域生态环境协同保护治理，对于落实黄河流域生态保护与高质量发展战略具有重要意义。

　　本书分析了黄河流域自然地理条件、经济社会特征、资源能源状况，准确把握黄河流域生态定位，全面评估黄河流域生态环境及其政策机制现状问题，提出了基于水-

能源-生态系统的黄河流域生态环境协同保护治理总体战略，构建了黄河流域生态环境协同保护治理机制，研究制定了重大工程推动协同目标落地。

全书共9章，第1章由张丽苹主持撰写，迟妍妍、刘斯洋和付乐等参与编写；第2章由刘斯洋主持撰写，迟妍妍和张丽苹等参与编写；第3章由王晶晶主持撰写，付乐、张丽苹和迟妍妍等参与编写；第4章由迟妍妍主持撰写，牟雪洁、路瑞、刘伟和张丽苹等参与编写；第5章由张丽苹主持撰写，迟妍妍、刘斯洋和付乐等参与编写；第6章由迟妍妍撰写；第7章由迟妍妍主持撰写，王晶晶、张丽苹、刘斯洋和付乐等参与编写；第8章由付乐主持撰写，迟妍妍、张丽苹和刘斯洋等参与编写；第9章由迟妍妍主持撰写，张丽苹、刘斯洋和付乐等参与编写。全书由迟妍妍负责统稿、定稿。

本书可供关注黄河流域生态环境保护治理的相关研究者参考。由于水平有限和时间仓促，不妥之处在所难免，恳请同行和广大读者批评指正。

作者

2024 年 1 月

目　录

第1章

黄河流域生态保护和高质量发展战略
实施背景

1.1 战略提出和部署要求

党的十八大以来，习近平总书记多次实地考察黄河流域生态保护和经济社会发展情况，就三江源、祁连山、秦岭、贺兰山等重点区域生态保护建设作出重要指示批示。

2019年8月，习近平总书记在甘肃考察期间，听取了甘肃省和兰州市开展黄河治理和保护情况介绍。习近平总书记指出，治理黄河，重在保护，要在治理，要坚持山水林田湖草综合治理、系统治理、源头治理，统筹推进各项工作，加强协同配合，共同抓好大保护，协同推进大治理，推动黄河流域高质量发展，让黄河成为造福人民的"幸福河"。

2019年9月，习近平总书记在郑州主持召开黄河流域生态保护和高质量发展座谈会时明确要求，要坚持绿水青山就是金山银山的理念，坚持生态优先、绿色发展，以水而定、量水而行，因地制宜、分类施策，上下游、干支流、左右岸统筹谋划，共同抓好大保护，协同推进大治理，着力加强生态保护治理、保障黄河长治久安、促进全流域高质量发展、改善人民群众生活、保护传承弘扬黄河文化，让黄河成为造福人民的"幸福河"。黄河流域生态保护和高质量发展，同京津冀协同发展、长江经济带发展、粤港澳大湾区建设、长三角一体化发展一样，成为重大国家战略。

2020年1月，习近平总书记主持召开中央财经委员会第六次会议，再次研究黄河流域生态保护和高质量发展问题，进一步强调黄河流域生态保护和高质量发展要把握好5个原则，即"生态优先、绿色发展""走绿色、可持续的高质量发展之路""量水而行、节水为重""因地制宜、分类施策""统筹谋划、协同推进"。

2020 年 4 月，习近平总书记在陕西考察时强调，要坚持不懈开展退耕还林还草，推进荒漠化、水土流失综合治理，推动黄河流域从过度干预、过度利用向自然修复、休养生息转变，改善流域生态环境质量。

2020 年 5 月，习近平总书记在山西考察时指出，要牢固树立"绿水青山就是金山银山"的理念，发扬"右玉精神"，统筹推进山水林田湖草系统治理，抓好"两山七河一流域"生态修复治理，扎实实施黄河流域生态保护和高质量发展国家战略，加快制度创新，强化制度执行，引导形成绿色生产生活方式，坚决打赢污染防治攻坚战，推动山西沿黄地区在保护中开发、开发中保护。

2020 年 6 月，习近平总书记在宁夏考察时指出，要把保障黄河长治久安作为重中之重，实施河道和滩区综合治理工程，统筹推进两岸堤防、河道控导、滩区治理，推进水资源节约集约利用，统筹推进生态保护修复和环境治理，努力建设黄河流域生态保护和高质量发展先行区。

2021 年 5 月，习近平总书记在河南南阳考察时强调，中医药学包含着中华民族几千年的健康养生理念及其实践经验，是中华民族的伟大创造和中国古代科学的瑰宝。在考察陶岔渠首枢纽工程、丹江口水库时，习近平总书记指出，南水北调工程是重大战略性基础设施，功在当代，利在千秋。要从守护生命线的政治高度，切实维护南水北调工程安全、供水安全、水质安全。在听取南阳月季产业发展和带动群众增收情况介绍后，习近平总书记指出，地方特色产业发展潜力巨大，要善于挖掘和利用本地优势资源，加强地方优质品种保护，推进产学研有机结合，统筹做好产业、科技、文化这篇大文章。

2021 年 6 月，习近平总书记在青海考察时强调，要积极推进黄河流域生态保护和高质量发展，综合整治水土流失，稳固提升水源涵养能力，促进水资源节约集约高效利用。

2021 年 9 月，习近平总书记在陕西榆林考察，了解循环经济煤炭综合利用项目规划建设运行、黄土丘陵沟壑区综合治理和生态文明建设等情况。在国家能源集团榆林化工有限公司考察时，习近平总书记强调，煤炭作为我国主体能源，要按照绿色低碳的发展方向，对标实现碳达峰、碳中和目标任务，立足国情、控制总量、兜住底线，有序减量替代，推进煤炭消费转型升级。在米脂县银州街道高西沟村考察时，习近平总书记指出，要深入贯彻"绿水青山就是金山银山"的理念，把生态治理和发展特色产业有机结合起来，走出一条生态和经济协调发展、人与自然和谐共生之路。

2021 年 10 月，习近平总书记在山东东营考察黄河入海口，并在济南主持召开深入推动黄河流域生态保护和高质量发展座谈会。他指出，要科学分析当前黄河流域生态保护和高质量发展形势，把握好推动黄河流域生态保护和高质量发展的重大问题，咬定目标、脚踏实地、埋头苦干、久久为功，确保"十四五"时期黄河流域生态保护和高质量发展取得明显成效，为黄河永远造福中华民族而不懈奋斗。他强调，党中央把黄河流域生态保护和高质量发展上升为国家战略以来，围绕解决黄河流域存在的矛盾和问题，开展了大量工作，搭建黄河保护治理"四梁八柱",整治生态环境问题,推进生态保护修复,完善治理体系,高质量发展取得新进步。同时要看到,在黄河流域生态保护和高质量发展上还存在一些突出矛盾和问题,要坚持问题导向,再接再厉,坚定不移做好各项工作。

2022年1月,习近平总书记深入山西考察时指出,推进碳达峰、碳中和,不是别人让我们做,而是我们自己必须要做,但这不是轻轻松松就能实现的,等不得,也急不得。他强调要夯实国内能源生产基础,保障煤炭供应安全。统筹抓好煤炭清洁低碳发展、多元化利用、综合储运这篇大文章,加快绿色低碳技术攻关,持续推动产业结构优化升级。

2022年6月,习近平总书记深入四川考察时指出,四川地处长江上游,要增强大局意识,牢固树立上游意识,坚定不移地贯彻共抓大保护、不搞大开发方针。习近平总书记强调,成都平原自古有"天府之国"的美称,要严守耕地红线,保护好这片产粮宝地,把粮食生产抓紧抓牢,在新时代打造更高水平的"天府粮仓"。

1.2　重大规划顶层设计

(1)《中华人民共和国国民经济和社会发展第十四个五年规划和2035年远景目标纲要》

《中华人民共和国国民经济和社会发展第十四个五年规划和2035年远景目标纲要》明确提出要扎实推进黄河流域生态保护和高质量发展。加大上游重点生态系统保护和修复力度,筑牢三江源"中华水塔",提升甘南、若尔盖等区域水源涵养能力。创新中游黄土高原水土流失治理模式,积极开展小流域综合治理、旱作梯田和淤地坝建设。推动下游二级悬河治理和滩区综合治理,加强黄河三角洲湿地保护和修复。开展汾渭平原、河套灌区等农业面源污染治理,清理整顿黄河岸线内工业企业,加强沿黄河城镇污水处理设施及配套管网建设。实施深度节水控水行动,降低水资源开发利用强度。合理控制煤炭开发强度,推进能源资源一体化开发利用,加强矿山生态修复。优化中心城市和城市群发展格局,统筹沿黄河县城和乡村建设。实施黄河文化遗产系统保护工程,打造具有国际影响力的黄河文化旅游带。建设黄河流域生态保护和高质量发展先行区。

(2)《全国重要生态系统保护和修复重大工程总体规划(2021—2023年)》

2020年6月,国家发展和改革委员会、自然资源部联合印发《全国重要生态系统保护和修复重大工程总体规划(2021—2035年)》,涉及黄河流域的有黄河重点生态区和青藏高原生态屏障区。其中,黄河重点生态区作为生态系统保护和修复总体布局之一,明确要求大力开展水土保持和土地综合整治、天然林保护、"三北"等防护林体系建设、草原保护修复、沙化土地治理、河湖与湿地保护修复、矿山生态修复等工程。青藏高原生态屏障区要大力实施草原保护修复、河湖和湿地保护恢复、天然林保护、防沙治沙、水土保持等工程。

（3）《全国国土空间规划纲要（2021—2035 年）》

《全国国土空间规划纲要（2021—2035 年）》是我国首部"多规合一"的国家级国土空间规划，是全国"五级三类"国土空间规划体系的顶层规划。这部纲要对未来 15 年全国国土空间作出全局安排，是全国国土空间保护、开发、利用、修复的政策和总纲。

（4）《关于建立健全生态产品价值实现机制的意见》

2021 年 4 月，中共中央办公厅、国务院办公厅印发《关于建立健全生态产品价值实现机制的意见》，提出要以体制机制改革创新为核心，推进生态产业化和产业生态化，加快完善政府主导、企业和社会各界参与、市场化运作、可持续的生态产品价值实现路径，着力构建绿水青山转化为金山银山的政策制度体系，推动形成具有中国特色的生态文明建设新模式。其中，第 13 条明确指出要"探索在长江、黄河等重点流域创新完善水权交易机制"。

（5）《黄河流域生态保护和高质量发展规划纲要》

2020 年 8 月，中共中央政治局召开会议，审议《黄河流域生态保护和高质量发展规划纲要》。会议指出，黄河是中华民族的母亲河，要把黄河流域生态保护和高质量发展作为事关中华民族伟大复兴的千秋大计，贯彻新发展理念，遵循自然规律和客观规律，统筹推进山水林田湖草沙综合治理、系统治理、源头治理，改善黄河流域生态环境，优化水资源配置，促进全流域高质量发展，改善人民群众生活，保护传承弘扬黄河文化，让黄河成为造福人民的"幸福河"。

2021 年 10 月，中共中央、国务院印发《黄河流域生态保护和高质量发展规划纲要》。该纲要是指导当前和今后一个时期黄河流域生态保护和高质量发展的纲领性文件，是制定实施相关规划方案、政策措施和建设相关工程项目的重要依据。纲要从加强上游水源涵养能力建设、加强中游水土保持、推进下游湿地保护和生态治理、加强全流域水资源节约集约利用、全力保障黄河长治久安、强化环境污染系统治理、建设特色优势现代产业体系、构建区域城乡发展新格局、加强基础设施互联互通、保护传承弘扬黄河文化、补齐民生短板和弱项、加快改革开放步伐等方面提出任务措施，推动黄河流域生态保护和高质量发展。

（6）《支持引导黄河全流域建立横向生态补偿机制试点实施方案》

2020 年 4 月，财政部、生态环境部、水利部和国家林草局印发了《支持引导黄河全流域建立横向生态补偿机制试点实施方案》（财资环〔2020〕20 号）。该实施方案提出，通过逐步建立黄河流域生态补偿机制，实现黄河流域生态环境治理体系和治理能力进一步完善和提升，河湖、湿地生态功能逐步恢复，水源涵养、水土保持等生态功能增强，生物多样性稳步增加，水资源得到有效保护和节约集约利用，干流和主要支流水质稳中向好，全流域生态环境保护取得明显成效，建立健全生态产品价值实现机制，增强自我造血功能和自身发展能力，使绿水青山真正变为金山银山，让黄河成为造福人民的"幸福河"。

（7）《中华人民共和国黄河保护法》

2022 年 10 月，中华人民共和国第十三届全国人民代表大会常务委员会第三十七次会议通过了《中华人民共和国黄河保护法》，并于 2023 年 4 月 1 日起施行。《中华人民共和国黄河保护法》从规划与管控、生态保护与修复、水资源节约集约利用、水沙调控与防洪安全、污染防治、促进高质量发展、黄河文化保护传承弘扬等方面制定了相关法律条款。其正式颁布，成为国家大力推进区域绿色可持续发展、保障黄河流域生态保护和高质量发展重大战略实施的有力保障，是中国大江大河立法和区域保护立法的又一重大标志性事件。

（8）《"十四五"黄河流域城镇污水垃圾处理实施方案》

2021 年 8 月，国家发展和改革委员会、住房和城乡建设部联合印发《"十四五"黄河流域城镇污水垃圾处理实施方案》，要求系统推进黄河流域城镇污水垃圾处理工作。一是提高城镇污水收集处理能力。补齐污水收集管网短板，推进污水管网全覆盖，新增和改造污水收集管网约 1.4 万 km；强化污水处理设施弱项，新增城镇污水处理能力约 350 万 m^3/d；推行污泥无害化处理，加快补齐城市和县城污泥无害化处置能力缺口，新增无害化处置设施规模约 0.35 万 t/d。二是完善城镇垃圾处理体系。健全垃圾分类收运体系，新增生活垃圾分类收运能力约 1.8 万 t/d；补齐生活垃圾处理能力缺口，新增生活垃圾焚烧处理能力约 2.8 万 t/d，新增厨余垃圾处理能力约 0.8 万 t/d。三是加强资源化利用。推进污水资源化利用，开展试点示范，新建、改建和扩建再生水生产能力约 300 万 m^3/d；做好污泥减量化、稳定化、无害化，推动污泥资源化利用；加强生活垃圾资源化利用，新建生活垃圾资源化利用项目 50 个。

（9）《黄河流域水资源节约集约利用实施方案》

2021 年 12 月，国家发展和改革委员会联合水利部、住房和城乡建设部、工业和信息化部、农业农村部印发《黄河流域水资源节约集约利用实施方案》。该实施方案提出，实施黄河流域及引黄调水工程受水区深度节水控水，既要强化水资源刚性约束，贯彻"四水四定"、严格用水指标管理、严格用水过程管理，又要优化流域水资源配置，优化黄河分水方案、强化流域水资源调度、做好地下水采补平衡。该实施方案明确，到 2025 年，黄河流域万元地区生产总值用水量控制在 47 m^3 以下，比 2020 年下降 16%；农田灌溉水有效利用系数达到 0.58 及以上；上游地级及以上缺水城市再生水利用率达到 25% 及以上，中、下游力争达到 30%；城市公共供水管网漏损率控制在 9% 以内。

（10）《"十四五"黄河流域生态保护和高质量发展城乡建设行动方案》

2022 年 1 月，住房和城乡建设部印发《"十四五"黄河流域生态保护和高质量发展城乡建设行动方案》。方案提出，到 2025 年，黄河流域人水城关系逐渐改善，城镇生态修复和水环境治理工程有效推进，城市风险防控和安全韧性能力持续加强，节水型城市建设取得重大进展；城市转型提质、县城建设补短板取得明显成效，城市绿色发展和生活方式普遍推广；黄河流域各省（区）城乡历史文化保护传承体系日益完善，沿黄城市风貌特色逐渐彰显。

（11）《最高人民检察院关于充分发挥检察职能服务保障黄河流域生态保护和高质量发展的意见》

2021 年 11 月，最高人民检察院印发《最高人民检察院关于充分发挥检察职能服务保障黄河流域生态保护和高质量发展的意见》，并发布相关典型案例。意见紧紧围绕"安全黄河、生态黄河、高质量发展黄河和文化黄河"目标，聚焦黄河流域生态保护和经济社会发展中的短板弱项，明确检察工作思路、方向、举措和要求，加强对工作理念、工作方法、工作机制的总结和推广，供沿黄 9 省（区）检察机关参照执行。检察机关还将加强与其他部门合作，依法严惩破坏黄河安全和环境资源犯罪，保障黄河流域生态环境安全。

1.3　战略实施意义

黄河流域生态保护和高质量发展战略实施是维护国家生态安全的迫切需要。黄河流域生态地位极其重要，是我国北方重要的生态屏障，是连接青藏高原、黄土高原、华北平原的重要生态廊道。但是，流域中、上游的大部分区域地处我国干旱半干旱地区，生态系统极其敏感脆弱。加之长期以来受到大规模、高强度的人类活动干扰，流域生态系统整体性退化问题尤为突出，上游地区天然草地退化、中游地区水土流失严重、下游滩区历史遗留问题多、河口三角洲湿地萎缩严重，生态保护修复的历史欠账多、治理修复任务极其艰巨。在当前黄河流域生态保护和高质量发展上升为重大国家战略的背景下，从全流域整体性和系统性角度出发，实施黄河流域生态保护修复，对保障黄河长治久安、促进流域高质量发展具有重要的战略意义。

黄河流域生态保护和高质量发展战略实施是事关国家长治久安、永续发展的千秋大计。"黄河宁，天下平"。自古以来，中华民族始终在同黄河水旱灾害做斗争。中华人民共和国成立后，党和国家对黄河治理开发极为重视。在党中央的坚强领导下，沿黄军民和黄河建设者开展了大规模的黄河治理保护工作，取得了举世瞩目的成就。党的十八大以来，党中央着眼于生态文明建设全局，明确了"节水优先、空间均衡、系统治理、两手发力"的治水思路，黄河流域经济社会发展和百姓生活发生了很大的变化。同时要清醒地看到，当前黄河流域仍存在一些突出困难和问题，流域生态环境脆弱，水资源保障形势严峻，发展质量有待提高。这些问题，表象在黄河，根子在流域。通过实施黄河流域生态保护和高质量发展重大战略，抓住水沙关系"牛鼻子"，优化水沙调控体系，提高水资源利用效率，解决好流域人民群众特别是少数民族群众关心的防洪安全、饮水安全等问题，对维护社会稳定、促进民族团结具有重要意义。

  黄河流域生态保护和高质量发展战略实施是加快推动黄河流域实现绿色低碳循环发展的必然要求。在党中央领导下，黄河流域经济社会发展水平不断提升，中心城市和中原等城市群加快建设，全国重要的农牧业生产基地和能源基地的地位进一步巩固，新的经济增长点不断涌现，滩区居民迁建工程加快推进，经济社会发展和百姓生活发生了很大的变化。但各地发展质量仍有待提高，产业结构不尽合理，资源环境超载严重，亟须通过重大战略实施，以绿色低碳循环倒逼产业转型升级，城镇人居环境质量持续改善，以生态环境高水平保护推动经济高质量发展。

第 2 章

黄河流域概况

2.1 自然地理条件

2.1.1 地形地貌

黄河发源于青海省巴颜喀拉山脉，流经青海、四川、甘肃、宁夏、内蒙古、陕西、山西、河南、山东 9 省（区），最后于山东省东营市垦利区注入渤海。流域内地势西高东低，高低悬殊，形成自西而东、由高及低三级阶梯。

最高一级阶梯是黄河源头区所在的青海高原，位于"世界屋脊"青藏高原的东北部，平均海拔 4 000 m 以上，耸立着一系列西北—东南向山脉，如北部的祁连山，南部的阿尼玛卿山和巴颜喀拉山。黄河河谷两岸的山脉海拔 5 500～6 000 m，相对高差达 1 500～2 000 m。黄河左岸的阿尼玛卿山主峰海拔 6 282 m，是黄河流域最高点。

第二级阶梯地势较平缓，主要为黄土高原。这一阶梯大致以太行山为东界，海拔 1 000～2 000 m。白于山以北属内蒙古高原的一部分，包括黄河河套平原和鄂尔多斯高原两个自然地理区域。

第三级阶梯地势低平，绝大部分为海拔低于 100 m 的华北大平原，包括下游冲积平原、鲁中丘陵和河口三角洲。

2.1.2 气候特点

黄河流域处于中纬度地带，受大气环流和季风环流影响的情况比较复杂，不同地区气候差异显著，黄河流域气候有以下主要特征。

光照充足。黄河流域的日照条件在全国范围内属于充足区域，全年日照时数一般达

2 000～3 300 h；全年日照百分率大多在 50%～75%，仅次于日照最充足的柴达木盆地，较长江流域广大地区普遍偏多 1 倍左右。

季节差别大、温差悬殊。黄河流域季节差别大，上游青海省久治县以上的河源地区为"全年皆冬"；久治至兰州区间及渭河中、上游地区为"长冬无夏，春秋相连"；兰州至龙门区间为"冬长（六七个月）、夏短（一两个月）"；流域其余地区为"冬冷夏热，四季分明"。总体来看，随地形三级阶梯，自西向东由冷变暖，气温的东西向梯度明显大于南北向梯度。黄河流域气温年较差较大，总趋势是北纬 37°以北地区在 31～37℃，北纬 37°以南地区大多在 21～31℃。黄河流域气温的日较差也较大，尤其中、上游的高纬度地区，全年各季气温的日较差为 13～16.5℃，均处于国内的高值区或次高值区。

降水集中、分布不均。流域大部分地区年降水量在 200～650 mm，中、上游南部和下游地区超过 650 mm。受地形影响较大的南界秦岭山脉北坡，其降水量一般可达 700～1 000 mm，而深居内陆的西北宁夏、内蒙古部分地区，其降水量却不足 150 mm。降水量分布不均，南北降水量之比大于 5。流域冬干春旱，夏秋多雨，其中 6—9 月降水量占全年的 70%左右，7—8 月降水量可占全年降水总量的 40%以上。

湿度小、蒸发大。黄河中、上游是国内湿度偏小的地区，特别是上游宁夏、内蒙古境内和龙羊峡以上地区，年平均水汽压不足 600 Pa；兰州至石嘴山区间的相对湿度小于 50%。黄河流域蒸发能力很强，年蒸发量达 1 100 mm。上游甘肃、宁夏和内蒙古中西部地区属国内年蒸发量最大的地区，最大年蒸发量可超过 2 500 mm。

2.1.3　主要水系

黄河干流多弯曲，素有"九曲黄河"之称。黄河支流众多，流域内面积大于 100 km² 的支流共 220 条，组成黄河水系。支流中面积大于 1 000 km² 的有 76 条，流域面积达 58 万 km²；大于 1 万 km² 的支流有 11 条，流域面积达 37 万 km²。

黄河左、右岸支流呈不对称分布。黄河左岸流域面积为 29.3 万 km²，右岸流域面积为 45.9 万 km²。大于 100 km² 的一级支流，左岸有 96 条，流域面积 23 万 km²；右岸有 124 条，流域面积 39.7 万 km²。上游河段长 3 472 km，中游河段长 1 206 km，下游河段长 786 km。

渭河位于黄河腹地大"几"字形基底部位，流域面积 13.48 万 km²，为黄河最大支流。渭河年径流量 100.5 亿 m³，年输沙量 5.34 亿 t，分别占黄河年水量、年沙量的 19.7%和 33.4%，是向黄河输送水、沙最多的支流。

汾河发源于山西省宁武县管涔山，纵贯山西省中部，流经太原和临汾两大盆地，于万荣县汇入黄河，长 710 km，流域面积 39 471 km²，是黄河第二大支流。汾河流域面积占山西省面积的 25%，地跨 47 个县（市），流域内人口和耕地面积分别约占山西省的 37%和 30%。许多重要工业城市，如太原、临汾等，集中分布在汾河的两大盆地中。

湟水是黄河上游左岸的一条大支流，发源于大坂山南麓青海省海晏县，于甘肃省永靖县汇入黄河，全长 374 km，流域面积 32 863 km²，其中约有 88%的面积属于青海省，地质条件复杂。

洮河是黄河上游右岸的一条大支流，发源于青海省，于甘肃省永靖县汇入刘家峡水库区，全长 673 km，流域面积 25 527 km²，根据沟门村水文站资料统计，年平均径流量 53 亿 m³，年输沙量 0.29 亿 t，平均含沙量仅 5.5 kg/m³，水多沙少。

大黑河位于内蒙古河套地区东北，是黄河上游末端一条大支流，发源于内蒙古自治区卓资县的坝顶村，流经呼和浩特市，于托克托县城附近注入黄河，支流长 236 km，流域面积 17 673 km²。

2.2　经济社会发展

2.2.1　行政区划

黄河流域主要涉及青海、四川、甘肃、宁夏、内蒙古、山西、陕西、河南、山东 9 省（区），共 59 个地市（区、州、盟）、362 个县（市、区、旗）（表 2-1），干流长度约 5 464 km。黄河流域在青海省内有 15.22 万 km²，在内蒙古自治区内有 15.10 万 km²，在甘肃省内有 14.32 万 km²，在陕西省内有 13.33 万 km²，在山西省内有 9.71 万 km²，在宁夏回族自治区内有 5.14 万 km²，在河南省内有 3.62 万 km²，在四川省内有 1.70 万 km²，在山东省内有 1.36 万 km²。

表 2-1　黄河流域范围

省（区）	地市（区、州、盟）	县（市、区、旗）
山西省	太原市	小店区、迎泽区、杏花岭区、尖草坪区、万柏林区、晋源区、清徐县、娄烦县、古交市
	长治市	沁源县
	晋城市	城区、沁水县、阳城县、陵川县、泽州县、高平市
	晋中市	榆次区、太谷区、祁县、平遥县、灵石县、介休市
	运城市	盐湖区、临猗县、万荣县、闻喜县、稷山县、新绛县、绛县、垣曲县、夏县、平陆县、芮城县、永济市、河津市
	忻州市	静乐县、神池县、五寨县、岢岚县、河曲县、保德县、偏关县
	临汾市	尧都区、曲沃县、翼城县、襄汾县、洪洞县、古县、安泽县、浮山县、吉县、乡宁县、大宁县、隰县、永和县、蒲县、汾西县、侯马市、霍州市
	吕梁市	离石区、文水县、交城县、兴县、临县、柳林县、石楼县、岚县、方山县、中阳县、交口县、孝义市、汾阳市
	小计	8 个地市共 72 个县（市、区）

省（区）	地市（区、州、盟）	县（市、区、旗）
内蒙古自治区	呼和浩特市	新城区、回民区、玉泉区、赛罕区、土默特左旗、托克托县、和林格尔县、清水河县、武川县
	包头市	东河区、昆都仑区、青山区、石拐区、九原区、土默特右旗、固阳县
	乌海市	海勃湾区、海南区、乌达区
	鄂尔多斯市	东胜区、达拉特旗、准格尔旗、鄂托克前旗、鄂托克旗、杭锦旗、乌审旗、伊金霍洛旗
	巴彦淖尔市	临河区、五原县、磴口县、乌拉特前旗、乌拉特中旗、乌拉特后旗、杭锦后旗
	乌兰察布市	卓资县、凉城县、察哈尔右翼中旗
	阿拉善盟	阿拉善左旗
	小计	7 个地市（盟）共 38 个县（区、旗）
山东省	济南市	历城区、长清区、平阴县
	东营市	东营区、河口区、垦利区、利津县、广饶县
	泰安市	泰山区、岱岳区、宁阳县、东平县、新泰市、肥城市
	莱芜区	莱城区、钢城区
	滨州市	博兴县、邹平市
	小计	5 个地市（区）共 18 个县（市、区）
河南省	郑州市	上街区、惠济区、巩义市、荥阳市、登封市
	开封市	祥符区、兰考县
	洛阳市	老城区、西工区、瀍河回族区、涧西区、吉利区、洛龙区、孟津区、新安县、栾川县、嵩县、汝阳县、宜阳县、洛宁县、伊川县、偃师区
	安阳市	滑县
	新乡市	原阳县、延津县、封丘县、长垣市
	焦作市	温县、沁阳市、孟州市
	濮阳市	范县、台前县
	三门峡市	湖滨区、渑池县、陕州区、卢氏县、义马市、灵宝市
	—	济源市（省直辖县级行政区划）
	小计	8 个地市共 39 个县（市、区）
四川省	阿坝藏族羌族自治州	阿坝县、若尔盖县、红原县
	小计	1 个州共 3 个县
陕西省	西安市	新城区、碑林区、莲湖区、灞桥区、未央区、雁塔区、阎良区、临潼区、长安区、蓝田县、周至县、鄠邑区、高陵区
	铜川市	王益区、印台区、耀州区、宜君县
	宝鸡市	渭滨区、金台区、陈仓区、凤翔区、岐山县、扶风县、眉县、陇县、千阳县、麟游县、太白县
	咸阳市	秦都区、杨陵区、渭城区、三原县、泾阳县、乾县、礼泉县、永寿县、彬州市、长武县、旬邑县、淳化县、武功县、兴平市
	渭南市	临渭区、华县、潼关县、大荔县、合阳县、澄城县、蒲城县、白水县、富平县、韩城市、华阴市
	延安市	宝塔区、延长县、延川县、子长市、安塞区、志丹县、吴起县、甘泉县、富县、洛川县、宜川县、黄龙县、黄陵县
	榆林市	榆阳区、神木市、府谷县、横山区、靖边县、定边县、绥德县、米脂县、佳县、吴堡县、清涧县、子洲县
	商洛市	商州区、洛南县
	小计	8 个地市共 80 个县（市、区）

省（区）	地市 （区、州、盟）	县（市、区、旗）
甘肃省	兰州市	城关区、七里河区、西固区、安宁区、红古区、永登县、皋兰县、榆中县
	白银市	白银区、平川区、靖远县、会宁县、景泰县
	天水市	秦州区、麦积区、清水县、秦安县、甘谷县、武山县、张家川回族自治县
	武威市	天祝藏族自治县
	平凉市	崆峒区、泾川县、灵台县、崇信县、华亭市、庄浪县、静宁县
	庆阳市	西峰区、庆城县、环县、华池县、合水县、正宁县、宁县、镇原县
	定西市	安定区、通渭县、陇西县、渭源县、临洮县、漳县、岷县
	临夏回族 自治州	临夏市、临夏县、康乐县、永靖县、广河县、和政县、东乡族自治县、积石山保安族东乡族撒拉族自治县
	甘南藏族 自治州	合作市、临潭县、卓尼县、玛曲县、碌曲县、夏河县
	小计	9 个地市（州）共 57 个县（市、区）
青海省	西宁市	城东区、城中区、城西区、城北区、大通回族土族自治县、湟中区、湟源县
	海东市	乐都区、平安区、民和回族土族自治县、互助土族自治县、化隆回族自治县、循化撒拉族自治县
	海北藏族 自治州	门源回族自治县、祁连县、海晏县
	黄南藏族 自治州	同仁市、尖扎县、泽库县、河南蒙古族自治县
	海南藏族 自治州	共和县、同德县、贵德县、兴海县、贵南县
	果洛藏族 自治州	玛沁县、班玛县、甘德县、达日县、久治县、玛多县
	玉树藏族 自治州	曲麻莱县
	海西蒙古族藏 族自治州	天峻县
	小计	8 个地市（州）共 33 个县（市、区）
宁夏 回族 自治区	银川市	兴庆区、西夏区、金凤区、永宁县、贺兰县、灵武市
	石嘴山市	大武口区、惠农区、平罗县
	吴忠市	利通区、红寺堡区、盐池县、同心县、青铜峡市
	固原市	原州区、西吉县、隆德县、泾源县、彭阳县
	中卫市	沙坡头区、中宁县、海原县
	小计	5 个地市共 22 个县（市、区）

2.2.2　经济发展

如表 2-2、图 2-1 所示，2020 年，黄河流域地区生产总值约为 18.07 万亿元，是长江经济带的 46%，占全国生产总值的 18%。黄河流域总人口约 3.20 亿人，比长江经济带少 1.93 亿人，占全国人口总数的 23%，城镇化水平与长江经济带基本持平。黄河流域农业比重大，第一产业比例为 10.2%，高于长江经济带和全国平均水平。黄河流域人均地区生产总值为 5.23 万元，比全国和长江经济带人均地区生产总值分别低 1.97 万元和 2.46 万元。黄河流域人口密度为 94 人/km²，比全国和长江经济带人口密度分别低 53 人/km² 和 43 人/km²。

表 2-2　2020 年黄河流域、长江经济带和全国主要经济社会指标

指标	黄河流域	长江经济带	全国
地区生产总值/万亿元	18.07	39.41	101.60
人口总数/万人	31 968.07	51 254.27	141 177.87
第一产业增加值/亿元	18 020.07	29 882.67	77 754
第二产业增加值/亿元	71 956.96	152 026.62	384 255
第三产业增加值/亿元	90 755.51	212 139.5	553 977
三次产业比例/%	10.2∶39.3∶50.4	7.6∶38.6∶53.8	7.7∶37.8∶54.5
人均地区生产总值/万元	5.23	7.69	7.20
人口密度/（人/km²）	94	137	147
城镇化率/%	57.46	59.35	63.89

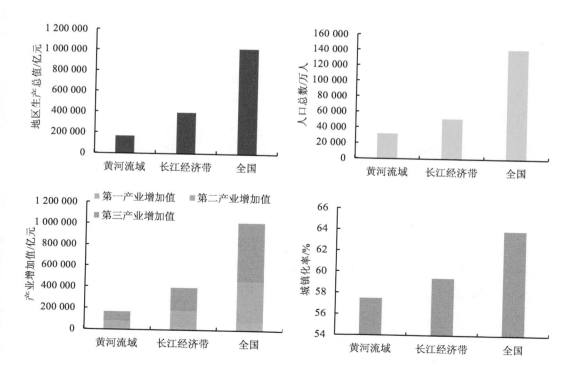

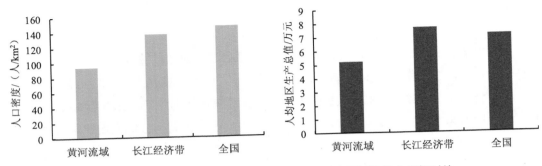

图2-1　2020年黄河流域、长江经济带和全国主要经济社会指标对比

2000—2020年，黄河流域地区生产总值、人均地区生产总值、第一、第二、第三产业增加值等主要经济指标均不断提高，增幅分别达8.97倍、7.99倍、5.27倍、7.45倍和11.84倍。20年来，黄河流域经济增长显著，城镇人口增加，居民收入水平整体上得到提高。总体来看，目前黄河流域经济总体呈现"下（游）强上（游）弱"的格局，2020年，黄河流域中、下游的河南、山东两省地区生产总值占黄河流域9省（区）地区生产总值的比例超过50%，除四川省外的青海省、甘肃省、宁夏回族自治区、内蒙古自治区等黄河上游省（区）地区生产总值在黄河流域9省（区）中仅占13.11%。

从图2-2中可以看出，黄河流域各城市经济发展水平存在较大差距。受到发展基础、地理区位、资源条件等因素影响，黄河流域内部经济发展不平衡、不充分问题突出。在地区生产总值总量方面，2020年山东省地区生产总值总量是排名第2河南省的1.33倍，是排名第4陕西省的2.79倍；在工业增加值方面，2020年山东省工业增加值是四川省的1.72倍，是排名最末的青海省的28.27倍。尽管黄河流域中、上游地区不断发力，经济发展速度有所提升，但受制于传统经济发展模式的惯性作用，区域间的绝对差距在不断扩大。

2.2.3　新旧动能转化

目前来看，黄河流域大部分省（区）倚重倚能、资源依赖的格局尚未彻底改变，煤炭、化工、冶炼等传统企业存量大，产业结构整体偏重，资源利用效率不高，环境承载力有限。在新动能培育方面，黄河流域各省（区）科技创新力度与长江流域各省（区、市）科技创新力度相比差距仍然较大，黄河流域内领航企业少、新型研发机构研究推进力度有待加强，企业创新活力不足的问题明显。以全国各地区研究和试验发展经费投入为例，2019年，黄河流域各省（区）研究和试验发展经费投入总量仅为长江流域各省（区、市）研究和试验发展经费投入总量的40.4%，占全国研究和试验发展经费投入总量的19.3%（图2-3）。

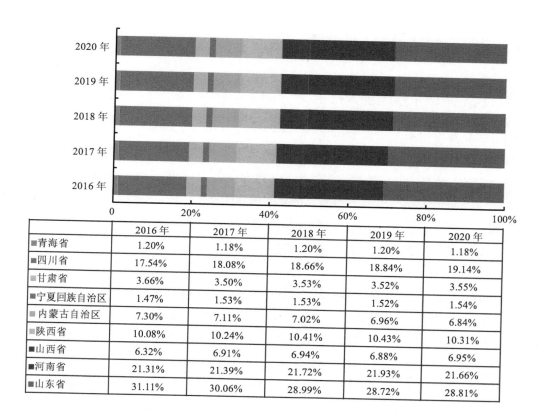

	2016 年	2017 年	2018 年	2019 年	2020 年
■青海省	1.20%	1.18%	1.20%	1.20%	1.18%
■四川省	17.54%	18.08%	18.66%	18.84%	19.14%
□甘肃省	3.66%	3.50%	3.53%	3.52%	3.55%
□宁夏回族自治区	1.47%	1.53%	1.53%	1.52%	1.54%
□内蒙古自治区	7.30%	7.11%	7.02%	6.96%	6.84%
□陕西省	10.08%	10.24%	10.41%	10.43%	10.31%
■山西省	6.32%	6.91%	6.94%	6.88%	6.95%
■河南省	21.31%	21.39%	21.72%	21.93%	21.66%
■山东省	31.11%	30.06%	28.99%	28.72%	28.81%

图 2-2　2016—2020 年黄河流域各省（区）地区生产总值占比情况

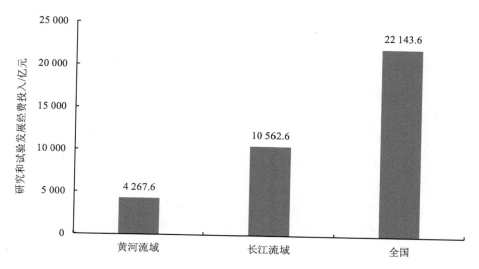

图 2-3　2019 年黄河流域、长江流域及全国研究和试验发展经费投入情况

2.3 资源能源状况

2.3.1 水资源总量不足且分布不均

（1）水资源总量不足

根据 2021 年《黄河水资源公报》，黄河流域多年平均水资源量为 719 亿 m^3，占全国水资源总量的 2.56%，其中地表水资源量为 535 亿 m^3，占全国地表水资源总量的 1.98%。水资源短缺是黄河流域生态保护和高质量发展面临的最大矛盾，黄河流域水资源总量不到长江流域水资源总量的 7%，人均水资源量不到全国水资源量的 65%，水资源开发利用率高达 80%，远超一般流域 40% 的生态警戒线。

（2）水资源分布不均

从 2003—2020 年黄河流域水资源总量情况来看，黄河流域水资源总量占全国水资源总量的 1.9%～3.0%，是长江流域水资源总量的 5.0%～9.4%。黄河流域兰州以上流域面积占全流域面积的 29.6%，水资源总量却占全流域水资源总量的 47.3%。龙门峡至三门峡区间流域面积占全流域面积的 25%，水资源总量占全流域水资源总量的 23%。而兰州至河口镇区间流域面积占全河流域面积的 21.7%，水资源总量只占全流域水资源总量的 5%，流域水资源分布不均现象显著。

（3）黄河流域降水量总体呈上升趋势

2000—2020 年，黄河流域降水变化呈增加趋势（图 2-4），特别是黄河上游的降水增幅达到 2.67 mm/a。2020 年黄河流域平均降水量 506.9 mm，折合降水总量 4 030.42 亿 m^3，较多年平均值（1956—2000 年均值，下同）偏大 13.4%，总体偏丰。2020 年黄河花园口站实测径流量 487.10 亿 m^3，较多年平均值偏大 24.7%；天然河川径流量 720.05 亿 m^3，较多年平均值偏大 35.1%；花园口以上区域水资源总量 812.87 亿 m^3，较多年平均值偏大 30.9%。2020 年黄河利津站实测径流量 359.60 亿 m^3，较多年平均值偏大 14.0%；扣除利津以下河段引黄水量 7.00 亿 m^3，黄河全年入海水量 352.60 亿 m^3，较多年平均值偏大 12.6%。

2020 年黄河流域各平原（盆地）区浅层地下水监测面积 96 922 km^2，总蓄水量增加 7.688 亿 m^3；据不完全统计，全流域已形成 3 个浅层地下水降落漏斗、24 个浅层地下水超采区。2020 年黄河供水区总取水量为 536.15 亿 m^3，其中地表水取水量为 426.17 亿 m^3（含跨流域调出水量 121.32 亿 m^3）；总耗水量为 435.35 亿 m^3，其中地表水耗水量为 353.83 亿 m^3。黄河供水区各省（区）总取水量以内蒙古自治区的 111.94 亿 m^3 为最多，占总取水量的 20.9%；总耗水量以山东省的 88.87 亿 m^3 为最多，占总耗水量的 20.4%。

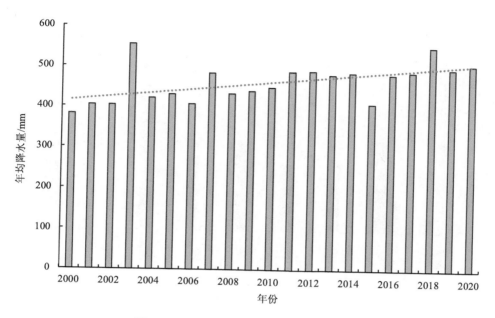

图 2-4 2000—2020 年黄河流域年均降水量

黄河干流代表性水文站不同阶段年均实测径流量对比见表 2-3。与 1956—1979 年相比，2001—2018 年黄河源头唐乃亥站年均实测径流量减少 11.4 亿 m³、减少幅度 5.6%，兰州站年均径流量减少 38.5 亿 m³、减少幅度 11.7%，头道拐站年均径流量减少 75.4 亿 m³、减少幅度 30.7%，三门峡站年均径流量减少 179.0 亿 m³、减少幅度 43.8%，利津站年均径流量减少 244.0 亿 m³、减少幅度 59.3%。黄河径流量不足全国总径流量的 2%，且未来仍可能持续减少，黄河流域水资源短缺问题依旧突出。

表 2-3 黄河干流代表性水文站不同阶段年均实测径流量统计　　　　单位：亿 m³

阶段	唐乃亥	兰州	头道拐	三门峡	利津
1956—1979 年	202.2	329.0	245.5	408.8	411.4
1980—2000 年	206.9	296.5	196.1	301.2	206.3
2001—2018 年	190.8	290.5	170.1	229.8	167.4
2001—2018 年与 1956—1979 年变化量	11.4	38.5	75.4	179.0	244.0
2001—2018 年与 1956—1979 年变化率/%	5.6	11.7	30.7	43.8	59.3

（4）黄河流域各地区自产水资源和使用量极不平衡

黄河流域水资源分布极不平衡，水资源成为各省（区）争夺的战略资源。2020 年，沿黄 9 省（区）自产水资源总量及用水量如图 2-5 所示。其中：

青海省自产水资源 1 012 亿 m³，用水量 24 亿 m³，主要原因是高寒地区人口稀少。

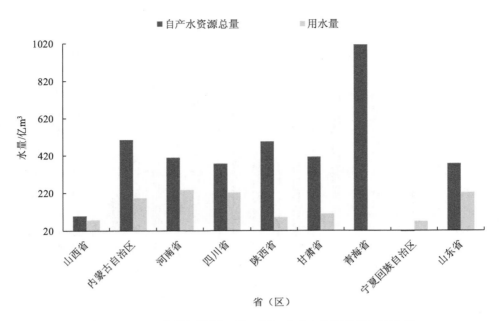

图 2-5　2020 年黄河流域 9 省（区）自产水资源总量及用水量

　　甘肃省自产水资源 411 亿 m³，用水量 110 亿 m³。甘肃省内河西为内陆河，陇南为长江流域，黄河流域自产水资源 178 亿 m³，用水量 35 亿 m³，人均 183 m³。

　　宁夏回族自治区自产水资源 11 亿 m³，用水量 70 亿 m³。甘肃省、宁夏回族自治区、内蒙古自治区西部、陕北等地干旱少雨，蒸发量大。因历史原因，宁夏回族自治区、内蒙古自治区是黄河流域自产水资源无法保障自给的地区，由于农业用水量大，这两地也是全流域人均用水量最高的地区，人均用水量是甘肃省、陕西省、山西省、河南省、山东省的 4～5 倍，每吨水资源增加值较低。

　　内蒙古自治区自产水资源 504 亿 m³，用水量 194 亿 m³。内蒙古自治区水资源极不平衡，阿拉善盟西部为内陆河，乌海—呼和浩特段自产水资源只有 49 亿 m³，黄河径流量下降了 90 亿 m³。自产水资源主要在嫩江流域。

　　陕西省自产水资源 495 亿 m³，用水量 93 亿 m³。其中，黄河流域自产水资源 102 亿 m³，用水量 65 亿 m³；长江流域自产水资源 380 亿 m³，这是关中地区未来发展的水资源保障区。

　　山西省自产水资源 97 亿 m³，用水量 76 亿 m³。因历史习惯没有建成从黄河干流调水的水利设施，后续又因黄河流域缺水不允许新增用水量，山西省人均用水量只有宁夏回族自治区、内蒙古自治区的 1/4。

　　河南省自产水资源 409 亿 m³，用水量 237 亿 m³。河南省自产水资源主要在淮河流域，少部分水资源来自黄河流域。

　　山东省自产水资源 375 亿 m³，用水量 223 亿 m³。山东省地跨海河流域、黄河流域和鲁东胶东三大地区，不完全属黄河流域。

（5）黄河流域地下水资源超采严重

地下水过量开采以及由此引发的降落漏斗区域扩大会削弱区域地下水资源、生态及地质功能。2020 年黄河流域浅层地下水动态监测主要集中在流域内的（河谷）平原（盆地或黄土台塬）区，总监测面积为 9.69 万 km²。2020 年，山西运城盆地的运城漏斗区面积比 2019 年扩大 17 km²。宁夏回族自治区、内蒙古自治区、陕西省和河南省 4 省（区）共有 24 个地下水超采区，均为浅层地下水超采，总面积超过 1 万 km²。与上年同期相比，7 个超采区平均地下水埋深增大，6 个超采区中心地下水埋深增大。黄河流域中、上游大部分属于干旱半干旱地区，水资源较为贫乏，经济发展对水资源的需求量不断增大，供需矛盾日趋突出。以地下水为主要水源的城市，地下水水位存在持续下降风险，如西宁、兰州、银川、太原、西安等城市。漏斗区范围不断扩大，导致地面沉降。地下水资源的减少使其对该区域的环境支撑作用减弱。

2.3.2　水资源开发利用

供水量相对平稳但耗水量总体增加。1980 年以来黄河流域供用水量总体呈增加态势，2015 年开始实施最严格水资源管理制度，黄河流域供用水量略有降低。2016—2018 年平均供水量 516.7 亿 m³，其中流域内供水 414.5 亿 m³、占总供水量的 80%；向黄河流域外供水 102.2 亿 m³、占总供水量的 20%。黄河流域地表水资源开发利用率高达 80%，是全国各大流域中最高的。

用水结构不合理。近年来随着节水技术进步、产业结构优化等，黄河流域用水结构在不断调整，相比 2017 年，2021 年黄河流域农业用水、工业用水占比分别下降了 10.03% 和 3.67%，生态用水与生活用水则较 2017 年分别上升了 4.82% 和 8.87%（图 2-6）。但根据 2021 年黄河水资源公报数据进行测算，农业用水、工业用水、生态用水、生活用水占比分别为 60.16%、9.16%、15.61%、14.83%，流域农业用水占比依然较高。

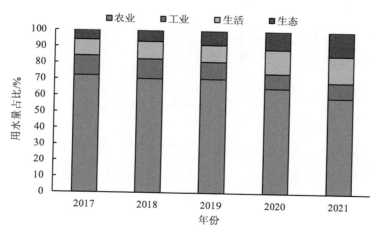

图 2-6　2017—2021 年黄河流域用水结构变化

上游地区用水效率不高。黄河流域万元地区生产总值用水量由 2017 年的 60.65 t 下降到 2021 年的 43.00 t，用水效率提升了 29.10%，其中，山西省用水效率提升最显著，2021 年较 2017 年提升 35.58%（图 2-7）。2021 年，中、下游的山东省、陕西省、山西省、河南省、四川省等万元地区生产总值用水量低于全国平均水平（51.8 m³），上游青海省、内蒙古自治区、甘肃省、宁夏回族自治区等省（区）万元地区生产总值用水量远高于全国平均水平，未来节水空间较大。与 2017 年相比，2021 年黄河流域农业万元地区生产总值用水量由 442.46 t 下降到 292.34 t，工业万元地区生产总值用水量由 19.19 t 下降到 11.14 t，农业用水效率和工业用水效率分别提升 44.51% 和 72.06%。

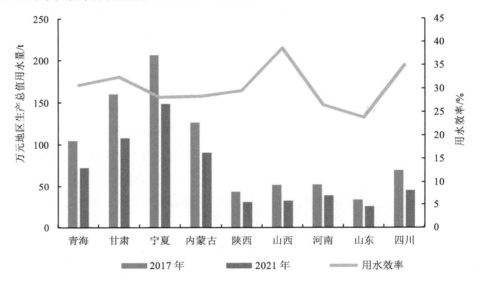

图 2-7　2017 年和 2021 年黄河流域 9 省（区）万元地区生产总值用水量及用水效率比较

2.3.3　水资源承载力评估

采用水资源负载指数对黄河流域水资源承载力进行评估，分析黄河流域水资源量对区域人口和经济规模的承载能力。计算公式为

$$C = \frac{K\sqrt{P \times G}}{W} \tag{2-1}$$

式中：C 为水资源负载指数；K 为与降水量有关的系数；P 为人口总量，万人；G 为国内生产总值，亿元；W 为水资源总量，亿 m³。其中，系数 K 的取值与降水量的关系如下：

$$K = \begin{cases} 1.0 & H \leqslant 200 \\ 1.0 - \dfrac{0.1H - 200}{200} & 200 < H \leqslant 400 \\ 0.9 - \dfrac{0.2H - 400}{400} & 400 < H \leqslant 800 \\ 0.7 - \dfrac{0.2H - 800}{800} & 800 < H \leqslant 1\,600 \\ 0.5 & H > 1\,600 \end{cases} \qquad (2\text{-}2)$$

式中：H 为年降水量，mm。

水资源负载指数评价标准见表 2-4。

表 2-4　水资源负载指数评价标准

水资源负载指数	级别	水资源利用程度	水资源开发评价
$C > 10$	I	很高、潜力非常小	几乎没有开发条件，需要调节水资源
$5 < C \leqslant 10$	II	高、潜力很小	开发条件困难，用水紧张
$2 < C \leqslant 5$	III	中等、潜力不大	开发条件一般，水资源压力一般
$1 < C \leqslant 2$	IV	低、潜力很大	开发条件较容易，水资源压力小
$C \leqslant 1$	V	较低、潜力大	开发容易，水资源利用程度较低

评价结果显示，黄河流域水资源严重超载。2021 年黄河流域仅上游青海省水资源负载指数较低，为 1.45，属于水资源开发潜力较大地区；四川省水资源负载指数为 5.14，属于水资源开发水平较高地区；黄河流域其他各省（区）水资源负载指数均超过 10，全部属于水资源开发潜力很小、需加大水资源节约力度的地区。从空间上看，除宁夏回族自治区外，黄河流域水资源负载指数总体呈自上游到下游逐步升高的趋势，该结果与中下游地区人口规模较大、工业占比以及工业农业集聚水平较高密切相关。其中，宁夏回族自治区水资源负载指数较高，一是受自然条件影响，全区 2021 年降水量仅 274 mm，水资源总量较低；二是由于其产业结构以工业为主、农业生产以大水漫灌为主，水资源利用程度总体较高。

2.3.4　能源资源相对丰富

黄河流域被称为"能源流域"，蕴含着十分丰富的煤、油、气、风、光、地热等多品种能源资源。其中，煤炭基础储量占全国的 75% 左右；石油资源累计探明地质储量占全国的 36%；黄河流域三大盆地天然气累计探明地质储量和累计探明技术可采储量分别占全国的 40% 和 36%；地热（200 m 以浅）资源量占全国的 11%；风能资源开发潜力占全国一半以上；太阳能资源主要为 I 类和 II 类区域，其中内蒙古额济纳旗以西、甘肃酒泉以西、青海湖以西属于极丰富带。

黄河流域能源开发早、规模大，为区域及全国社会经济发展提供了源源不断的动力。

目前，流域内已经建成九大煤炭基地、六大煤电基地、多个石油天然气生产基地、煤层气勘探开发基地，以及诸多风能、太阳能开发基地。2020年，黄河流域煤炭产量约占全国总产量的80%，石油、天然气产量占比均超过30%，新能源发电量占比也达到26%，有力支撑了国家经济社会发展。

黄河流域已建成大批国家级大型煤炭基地、煤电基地，以及水电基地、光伏发电领跑基地等。虽然，风电、太阳能发电快速发展且渗透率逐步提高，但受其稳定性较差以及弃用现象频发等问题的影响，风电、太阳能发电利用小时数明显低于水电和火电。同时，可再生能源发电并网后对煤电装机的备用需求也大幅提高，为保障可再生能源发电消纳，在一定程度上影响了煤电机组的发电效率。

截至2021年年底，黄河流域已建成"北煤南运""西煤东调"的煤运体系，晋陕蒙煤炭调出量约占全国跨大区间调出总量的80%；建成了完善的油气骨干管网设施体系，有力支持了国家"西油东送、北油南运、西气东输、北气南下"国家油气输送战略；建成以特高压为代表的电力外运输送体系，流域各省（区）已建成特高压交直流线路的输送能力约占全国"西电东送"总量的34%。

2.3.5　能源生产消费结构

（1）黄河流域能源生产结构仍然以煤为主

基于各省（区）统计年鉴中的能源生产总量及结构数据，对黄河流域9省（区）2005—2020年能源生产结构进行统计分析（图2-8），山西省、内蒙古自治区、陕西省是流域能源生产总量最大省（区），且总体呈上升的态势，晋陕蒙能源生产总量占黄河流域9省（区）生产总量的比例持续超过60%。

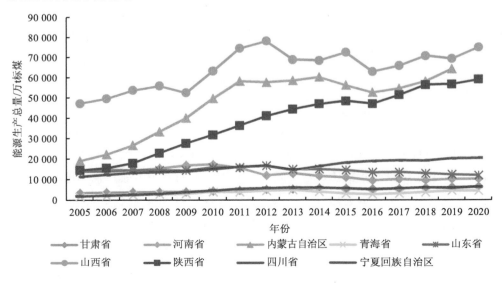

图2-8　沿黄9省（区）能源生产总量

　　黄河流域以占全国约 2%的水资源量，承载了全国约 12%的人口、15%的耕地和 14%的经济总量，水资源开发利用率已超 80%。根据有关研究测算，黄河流域煤矿区，每年增加的用水量超过 100 亿 t。生态脆弱区水资源短缺，已成为煤炭规模开发的"瓶颈"。同时，由于黄河流域煤炭储存富集区气候干旱、降水量少，区域抗扰动能力差，煤炭规模开采引起地表沉陷、地面塌陷和裂缝，导致矿区地下水位大范围、大幅度疏降。大面积的乔、灌、草等荒漠植被衰败减少，草场退化，加速了荒漠化进程，形成资源与生态环境之间的恶性循环。

　　（2）以化石能源为主的能源消费结构仍未明显改善，实现 2030 年前碳达峰目标难度较大

　　2020 年，黄河流域能源消费总量为 116 676 万 t 标煤。其中，煤炭消费总量占比 60.66%，石油占比 10.63%，天然气占比 10.48%，一次电力及其他能源占比 18.23%。长江流域能源消费总量为 128 040 万 t 标煤，比黄河流域多 9.74%。全国能源消费总量为 498 000 万 t 标煤，是黄河流域的 4 倍左右。2020 年，黄河流域万元地区生产总值能耗为 0.7 t 标煤（图 2-9），高于长江流域（0.32 t 标煤）和全国平均水平（0.49 t 标煤）。

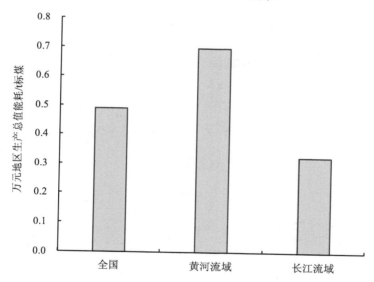

图 2-9　2020 年黄河流域、长江流域、全国万元地区生产总值能耗

　　基于各省（区）统计年鉴中的能源消费量及结构数据，对黄河流域 9 省（区）2005—2020 年能源消费量进行统计分析（图 2-10）发现，整体上能源消费总量保持持续增长，但增长速度逐渐趋于平缓。2019 年，山东省、内蒙古自治区、河南省能源消费总量位居前 3，四川省、山西省和陕西省紧随其后，青海省能源消费总量最低。

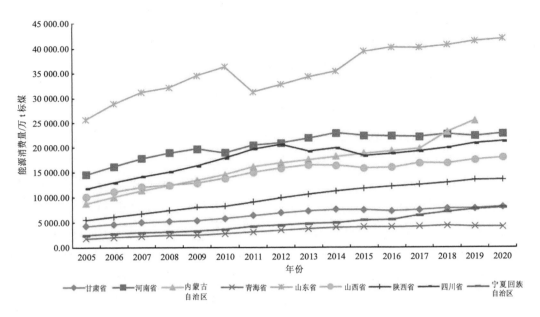

图2-10   沿黄9省（区）能源消费量

进一步对各省（区）的能源消耗强度进行分析，以 2005 年可比价为基准年，计算得到各省（区）的能源消耗强度。黄河流域 9 省（区）能源消耗强度呈下降的趋势（图2-11），但是其中宁夏回族自治区和内蒙古自治区在 2016 年之后能源消耗强度有一定的反弹。2020 年，宁夏回族自治区能源消耗强度为 3.64 万 t 标煤/亿元且高居榜首；2019 年，内蒙古自治区能源消耗强度为 1.71 万 t 标煤/亿元。

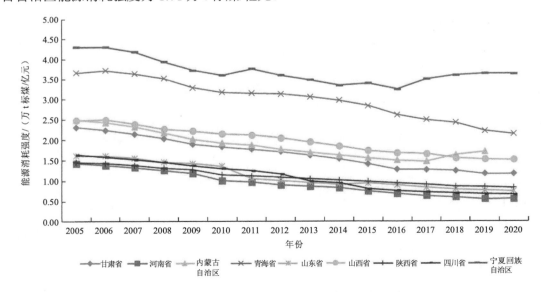

图2-11   沿黄9省（区）能源消耗强度

（3）黄河流域能源转型发展成为重中之重

黄河流域地跨三大地带，面积广、人口多，内部存在明显差异。例如，2019 年，黄河下游山东省的地区生产总值是上游甘肃省的 2.1 倍，源头的青海省玉树藏族自治州只有入海口的山东省东营市地区生产总值的 1/10。虽然西北部地区拥有丰富的风能与太阳能资源以及辽阔的土地，适合大规模风电与太阳能发电设施的建设，但因受到人口、经济体量的限制，本地消纳能力明显偏低。

黄河流域依然存在发展不平衡、不充分问题，特别是各省（区）产业倚能倚重、低质低效问题突出，以能源化工、原材料、农牧业等为主导的特征明显，缺乏有较强竞争力的新兴产业集群。从目前情况来看，不少地区和城市的转型思路基本相似。例如，一阵风地建光伏风能、一窝蜂地上氢能、一股脑地进军煤化工等，这种同质化、同构化的转型模式，有较大的风险。受地理条件等制约，黄河流域各省（区）经济联系度历来不高，区域分工协作意识不强，高效协同发展机制尚不完善，推动黄河流域能源绿色低碳转型发展，需要在深化改革、优化结构、技术创新等方面加强政策沟通协调，争取实现协同效应最大化。

——— 第3章 ———

黄河流域生态定位

3.1 生态系统格局

根据遥感数据解译，2015 年，黄河流域生态系统以草地和农田为主，面积分别为 377 187 km², 205 898 km², 占流域总面积的比例分别为 47.5%、25.9%；其次为森林生态系统，面积为 106 160 km², 占流域总面积的比例为 13.4%；其余类型面积相对较少（表 3-1）。从空间上看，草地广泛分布于流域上、中游地区；农田主要分布于流域北部"几字弯"周边的宁蒙灌区，以及中、下游南部的陕西省、山西省、河南省、山东省等地；森林主要分布于流域中南部和西部；城镇则主要以各省（区）中心城市为核心，呈簇状和点状零星分布；荒漠主要分布于流域中北部的内蒙古自治区、宁夏回族自治区等地，青海省也有少量分布。

表 3-1　2015 年黄河流域生态系统各类型面积与比例

生态系统类型	面积/km²	比例/%
森林	106 160	13.4
草地	377 187	47.5
湿地	21 803	2.7
农田	205 898	25.9
城镇	22 517	2.8
荒漠	46 795	5.9
裸地	14 051	1.8

3.2　生态系统服务功能重要性评价

3.2.1　水源涵养功能重要性评价

对黄河流域水源涵养功能重要性（表 3-2）进行分析可知，黄河流域水源涵养功能极重要区域面积约 112 578 km²，占流域总面积的比例为 14.2%；较重要区域面积约 110 880 km²，占流域总面积的比例为 14.0%；一般重要区域面积约 88 060 km²，占流域总面积的比例为 11.1%；其余为不重要区域，占比约 60.8%。从空间上看，水源涵养功能极重要区域、较重要区域主要位于流域西部和中部地区，主要涉及四川省、陕西省、甘肃省和青海省部分地区，包括三江源、祁连山、甘南黄河上游水源涵养区、秦岭渭河流域等重要区域。

表 3-2　黄河流域水源涵养功能重要性评价

水源涵养功能重要性	面积/km²	比例*/%
极重要	112 578	14.2
较重要	110 880	14.0
一般重要	88 060	11.1
不重要	482 893	60.8

注：*该列由于修约，总和为 100.1。其他表也可能因为修约出现总和不为 100 的情况，不再重复注释。

3.2.2　土壤保持功能重要性评价

对黄河流域土壤保持功能重要性（表 3-3）进行分析可知，黄河流域土壤保持功能极重要区域面积约 67 344 km²，占流域总面积的比例为 8.5%；较重要区域面积约 77 916 km²，占流域总面积的比例为 9.8%；一般重要区域面积约 106 232 km²，占流域总面积的比例为 13.4%；其余为不重要区域，占比约 68.3%。从空间上看，土壤保持功能极重要区域、较重要区域主要位于流域南部和中部地区，主要涉及山西省、陕西省和河南省部分地区。

表 3-3　黄河流域土壤保持功能重要性评价

土壤保持功能重要性	面积/km²	比例/%
极重要	67 344	8.5
较重要	77 916	9.8
一般重要	106 232	13.4
不重要	542 919	68.3

3.2.3　防风固沙功能重要性评价

对黄河流域防风固沙功能重要性（表 3-4）进行分析可知，黄河流域防风固沙功能极重要区域面积约 93 710 km²，占流域总面积的比例为 11.8%；较重要区域面积约 86 400 km²，占流域总面积的比例为 10.9%；一般重要区域面积约 103 846 km²，占流域总面积的比例为 13.1%；其余为不重要区域，占比约 64.3%。从空间上看，防风固沙功能极重要区域、较重要区域主要位于流域北部和中部地区，主要涉及内蒙古自治区、宁夏回族自治区和山西省部分地区。

表 3-4　黄河流域防风固沙功能重要性评价

防风固沙功能重要性	面积/km²	比例/%
极重要	93 710	11.8
较重要	86 400	10.9
一般重要	103 846	13.1
不重要	510 455	64.3

3.2.4　生物多样性保护功能重要性评价

对黄河流域生物多样性保护功能重要性（表 3-5）进行分析可知，黄河流域生物多样性保护功能极重要区域面积约 173 023 km²，占流域总面积的比例为 21.8%；较重要区域面积约 71 675 km²，占流域总面积的比例为 9.0%；一般重要区域面积约 108 444 km²，占流域总面积的比例为 13.7%；其余为不重要区域，占比约 55.5%。从空间上看，生物多样性保护功能极重要区域、较重要区域主要位于流域西部和北部地区，主要涉及四川省、青海省、甘肃省、内蒙古自治区、山西省、河南省和山东省部分地区。

表 3-5　黄河流域生物多样性保护功能重要性评价

生物多样性保护功能重要性	面积/km²	比例/%
极重要	173 023	21.8
较重要	71 675	9.0
一般重要	108 444	13.7
不重要	441 269	55.5

3.2.5　生态系统服务功能综合评价

根据生态环境遥感调查与评估结果，黄河流域总体生态系统服务功能十分重要（表 3-6），其中生态系统服务功能极重要区域面积约 313 109 km²，占流域总面积的比例约 39.4%；生态系统服务功能较重要区域面积约 189 034 km²，占流域总面积的比例约 23.8%；生态系统服务功能一般重要区域面积约 121 122 km²，占流域总面积的比例约 15.2%；其余为生态系统服务功能不重要区域，占比约 21.5%。黄河流域上游地区生态系统服务功能极重要区域占比接近一半（约 47.80%），中游地区生态系统服务功能较重要区域占比相对较高（约 36.45%）。从空间分布上看，生态系统服务功能极重要区域主要位于流域北部、西部和南部等部分地区。

表 3-6　黄河流域生态系统服务功能重要性区域面积占比

单位：%

重要性	上游	中游	下游	全流域
极重要	47.80	22.32	9.15	39.4
较重要	23.25	36.45	4.73	23.8
一般重要	20.20	23.54	8.87	15.2
不重要	8.75	17.69	77.25	21.5

3.3　生态系统敏感性评价

黄河流域生态本底敏感且脆弱，约有 65.6% 的区域为干旱半干旱地区，3/4 以上的区域属于中度以上脆弱区，高于全国 55% 的水平。黄河相比长江、珠江、雅鲁藏布江、淮河、松花江等中国主要大江大河，是年径流量最小的河流，流域面积 1 000 km² 以上的 67 条河流有 21 条出现过断流情况。

3.3.1　水土流失敏感性分析

对黄河流域水土流失敏感性（表 3-7）进行分析可知，黄河流域水土流失极重度敏感区域面积约 26 644 km²，占流域总面积的比例为 3.4%；重度敏感区域面积约 223 031 km²，占流域总面积的比例为 28.1%；中度敏感区域面积约 171 712 km²，占流域总面积的比例为 21.6%；其余为不敏感区域，占比约 47.0%。从空间上看，水土流失极重度敏感区域主要分布于黄河流域中部的黄土高原，主要涉及陕西省北部、宁夏回族自治区中部以及甘肃省南部；水土流失重度敏感区域主要分布于黄河流域西部和南部地区，涉及青海省、甘肃省、陕西省和河南省部分地区。

表 3-7　黄河流域水土流失敏感性评价

水土流失敏感性	面积/km²	比例/%
极重度敏感	26 644	3.4
重度敏感	223 031	28.1
中度敏感	171 712	21.6
不敏感	373 024	47.0

3.3.2　土地沙化敏感性分析

对黄河流域土地沙化敏感性（表 3-8）进行分析可知，土地沙化极重度敏感区域面积约 24 285 km²，占流域总面积的比例为 3.1%；重度敏感区域面积约 226 081 km²，占流域总面积的比例为 28.5%；中度敏感区域面积约 310 450 km²，占流域总面积的比例为 39.1%；其余为不敏感区域，占流域总面积的比例为 29.4%。从空间上看，土地沙化极重度敏感区域和重度敏感区域主要分布于黄河流域中北部地区和西北部地区，涉及内蒙古自治区南部、陕西省北部、宁夏回族自治区以及青海省、甘肃省部分地区。

表 3-8　黄河流域土地沙化敏感性评价

土地沙化敏感性	面积/km²	比例/%
极重度敏感	24 285	3.1
重度敏感	226 081	28.5
中度敏感	310 450	39.1
不敏感	233 595	29.4

3.3.3　生态系统敏感性综合评价

根据全国生态环境遥感调查与评估结果，黄河流域生态系统综合敏感性较高（表 3-9），生态系统极重度敏感区域和重度敏感区域面积占比约 52%。其中，黄河流域生态系统极重度敏感区域面积约 50 910 km²，占流域总面积的比例约 6.4%；生态系统重度敏感区域面积约 361 938 km²，占流域总面积的比例约 45.6%；生态系统中度敏感区域面积约 167 284 km²，占流域总面积比例约 21.1%；其余为生态系统不敏感区域，占比约 27.0%。从空间分布上看，生态系统极重度敏感区域主要分布于流域北部和中部，涉及内蒙古自治区、宁夏回族自治区、甘肃省、陕西省、山西省等。生态系统重度敏感区域、中度敏感区域主要位于流域北部和西部等部分地区。

表 3-9　黄河流域生态系统敏感性综合评价

生态系统敏感性	面积/km²	比例/%
极重度敏感	50 910	6.4
重度敏感	361 938	45.6
中度敏感	167 284	21.1
不敏感	214 279	27.0

3.4　重要生态空间

黄河流域范围内主导生态功能为水土保持、防风固沙、水源涵养、生物多样性保护，其中，北部主要为防风固沙和水土保持重要区，西部、东部和南部主要为水源涵养和生物多样性保护重要区。

3.4.1　重点生态功能区

根据《全国主体功能区规划》，黄河流域范围内共涉及 7 个国家重点生态功能区（表 3-10），分别是黄土高原丘陵沟壑水土保持生态功能区、甘南黄河重要水源补给生态功能区、若尔盖草原湿地生态功能区、三江源草原草甸湿地生态功能区、祁连山冰川与水源涵养生态功能区、秦巴生物多样性生态功能区、阴山北麓草原生态功能区，其中后 4 个仅涉及其中一部分。

表 3-10　黄河流域内重点生态功能区名录

重点生态功能区名称	涉及行政范围（县、市、区、旗）
黄土高原丘陵沟壑水土保持生态功能区（全部）	山西省：五寨县、岢岚县、河曲县、保德县、偏关县、吉县、乡宁县、蒲县、大宁县、永和县、隰县、中阳县、兴县、临县、柳林县、石楼县、汾西县、神池县
	陕西省：子长市、安塞区、志丹县、吴起县、绥德县、米脂县、佳县、吴堡县、清涧县、子洲县
	甘肃省：庆城县、环县、华池县、镇原县、庄浪县、静宁县、张家川回族自治县、通渭县、会宁县
	宁夏回族自治区：彭阳县、泾源县、隆德县、盐池县、同心县、西吉县、海原县、红寺堡区
甘南黄河重要水源补给生态功能区（全部）	甘肃省：合作市、临潭县、卓尼县、玛曲县、碌曲县、夏河县、临夏县、和政县、康乐县、积石山保安族东乡族撒拉族自治县
若尔盖草原湿地生态功能区（全部）	四川省：阿坝县、若尔盖县、红原县
三江源草原草甸湿地生态功能区（部分）	青海省：同德县、兴海县、泽库县、河南蒙古族自治县、玛沁县、班玛县、甘德县、达日县、久治县、玛多县、曲麻莱县
祁连山冰川与水源涵养生态功能区（部分）	甘肃省：永登县、天祝藏族自治县
	青海省：天峻县、祁连县、门源回族自治县
秦巴生物多样性生态功能区（部分）	陕西省：太白县、周至县
阴山北麓草原生态功能区（部分）	内蒙古自治区：察哈尔右翼中旗、乌拉特中旗、乌拉特后旗

（1）黄土高原丘陵沟壑水土保持生态功能区（全部）

该区黄土堆积深厚、范围广大，土地沙漠化敏感程度高，对黄河中、下游生态安全具有重要作用。目前坡面土壤侵蚀和沟道侵蚀严重，侵蚀产沙易淤积河道、水库。山西省的五寨县、岢岚县、河曲县、保德县、偏关县、吉县、乡宁县、蒲县、大宁县、永和县、隰县、中阳县、兴县、临县、柳林县、石楼县、汾西县、神池县，陕西省的子长市、安塞区、志丹县、吴起县、绥德县、米脂县、佳县、吴堡县、清涧县、子洲县，甘肃省的庆城县、环县、华池县、镇原县、庄浪县、静宁县、张家川回族自治县、通渭县、会宁县，宁夏回族自治区的彭阳县、泾源县、隆德县、盐池县、同心县、西吉县、海原县、红寺堡区位于该生态功能区。该区应控制开发强度，以小流域为单元综合治理水土流失，建设淤地坝。

（2）甘南黄河重要水源补给生态功能区（全部）

该区是青藏高原东端面积最大的高原沼泽泥炭湿地，在维系黄河流域水资源和生态安全方面有重要作用。目前草原退化沙化严重，森林和湿地面积锐减，水土流失加剧，生态环境恶化。甘肃省的合作市、临潭县、卓尼县、玛曲县、碌曲县、夏河县、临夏县、和政县、康乐县、积石山保安族东乡族撒拉族自治县位于该生态功能区。该区应加强天然林、湿地和高原野生动植物保护，实施退牧还草、退耕还林还草、牧民定居和生态移民。

（3）若尔盖草原湿地生态功能区

该区位于黄河与长江水系的分水地带，湿地泥炭层深厚，对黄河流域的水源涵养、水文调节和生物多样性维护有重要作用。目前，湿地疏干、垦殖和过度放牧导致草原退化、沼泽萎缩、水位下降。四川省的阿坝县、若尔盖县、红原县位于该生态功能区。该区应停止开垦，禁止过度放牧，恢复草原植被，保持湿地面积，保护珍稀动物。

（4）三江源草原草甸湿地生态功能区（部分）

该区是长江、黄河、澜沧江的发源地，有"中华水塔"之称，是全球大江大河、冰川、雪山及高原生物多样性最集中的地区之一，其径流、冰川、冻土、湖泊等构成的整个生态系统对全球气候变化有巨大的调节作用。目前草原退化、湖泊萎缩、鼠害严重，生态系统功能受到严重破坏。青海省的同德县、兴海县、泽库县、河南蒙古族自治县、玛沁县、班玛县、甘德县、达日县、久治县、玛多县、曲麻莱县位于该生态功能区。该区应封育草原，治理退化草原，减少载畜量，涵养水源，恢复湿地，实施生态移民。

（5）祁连山冰川与水源涵养生态功能区（部分）

该区冰川储量大，对维系甘肃河西走廊和内蒙古西部绿洲的水源具有重要作用。目前草原退化严重，生态环境恶化，冰川萎缩。甘肃省的永登县、天祝藏族自治县，青海省的天峻县、祁连县、门源回族自治县位于该生态功能区。该区应围栏封育天然植被，降低载畜量，涵养水源，防止水土流失，重点加强石羊河流域下游民勤地区的生态保护和综合治理。

（6）秦巴生物多样性生态功能区（部分）

该区包括秦岭、大巴山、神农架等亚热带北部和亚热带-暖温带过渡的地带，生物多样性丰富，是许多珍稀动植物的分布区。目前水土流失和地质灾害问题突出，生物多样性受到威胁。陕西省的太白县、周至县位于该生态功能区。该区发展方向为减少林木采伐，恢复山地植被，保护野生物种。

（7）阴山北麓草原生态功能区（部分）

该区气候干旱，多大风天气，水资源贫乏，生态环境极为脆弱，风蚀沙化土地比重高。目前草原退化严重，为沙尘暴的主要沙源地，对华北地区生态安全构成威胁。内蒙古自治区的察哈尔右翼中旗、乌拉特中旗、乌拉特后旗位于该生态功能区。该区应封育草原，恢复植被，退牧还草，降低人口密度。

3.4.2　重要生态功能区

根据《全国生态功能区划（修编版）》，黄河流域内主要涉及 12 个重要生态功能区，分别是黄土高原土壤保持重要区、甘南山地水源涵养重要区、三江源水源涵养与生物多样性保护重要区、阴山北部防风固沙重要区、鄂尔多斯高原防风固沙重要区、西鄂尔多斯—贺兰山—阴山生物多样性保护与防风固沙重要区、祁连山水源涵养重要区、太行山区水源涵养与土壤保持重要区、秦岭—大巴山生物多样性保护与水源涵养重要区、岷山—邛崃山—凉山生物多样性保护与水源涵养重要区、川西北水源涵养与生物多样性保护重要区、鲁中山区土壤保持重要区，如表 3-11 所示。

表 3-11　黄河流域范围内重要生态功能区名录

重要生态功能区名称	涉及行政范围（市、州、盟）
黄土高原土壤保持重要区	甘肃省的庆阳市、平凉市，山西省的吕梁市、忻州市、太原市、临汾市，宁夏回族自治区的固原市、吴忠市，陕西省的延安市、榆林市、宝鸡市、咸阳市、铜川市、渭南市
甘南山地水源涵养重要区	甘肃省的甘南藏族自治州、临夏回族自治州
三江源水源涵养与生物多样性保护重要区	青海省的玉树藏族自治州、果洛藏族自治州、海西蒙古族藏族自治州、海南藏族自治州、黄南藏族自治州
阴山北部防风固沙重要区	内蒙古自治区的乌兰察布市、巴彦淖尔市、包头市、呼和浩特市
鄂尔多斯高原防风固沙重要区	内蒙古自治区的鄂尔多斯市、乌海市，陕西省的榆林市，宁夏回族自治区的银川市、吴忠市
西鄂尔多斯—贺兰山—阴山生物多样性保护与防风固沙重要区	内蒙古自治区的巴彦淖尔市、阿拉善盟、鄂尔多斯市、乌海市，宁夏回族自治区的石嘴山市、银川市、吴忠市和中卫市
祁连山水源涵养重要区	甘肃省的武威市，青海省的海南藏族自治州、海北藏族自治州、海西蒙古族藏族自治州和海东市
太行山区水源涵养与土壤保持重要区	山西省的忻州市、晋中市、运城市、长治市、晋城市，河南省的焦作市、安阳市、新乡市
秦岭—大巴山生物多样性保护与水源涵养重要区	陕西省的西安市、宝鸡市、商洛市、渭南市，甘肃省的天水市、甘南藏族自治州
岷山—邛崃山—凉山生物多样性保护与水源涵养重要区	四川省的阿坝藏族羌族自治州
川西北水源涵养与生物多样性保护重要区	四川省的阿坝藏族羌族自治州
鲁中山区土壤保持重要区	山东省的济南市、泰安市、莱芜区

（1）黄土高原土壤保持重要区

该区位于黄土高原地区，包含4个功能区，分别为吕梁山山地土壤保持功能区、陕北黄土丘陵沟壑土壤保持功能区、陕中黄土丘陵土壤保持功能区、陇东—宁南土壤保持功能区，行政区域主要涉及甘肃省的庆阳市、平凉市，山西省的吕梁市、忻州市、太原市、临汾市，宁夏回族自治区的固原市、吴忠市，陕西省的延安市、榆林市、宝鸡市、咸阳市、铜川市、渭南市。该区地处半湿润-半干旱季风气候区，主要植被类型有落叶阔叶林、针叶林、典型草原与荒漠草原等。该区水土流失和土地沙漠化敏感性高，是我国水土流失最严重的地区，也是土壤保持极重要区域。

（2）甘南山地水源涵养重要区

该区地处青藏高原东北缘与黄土高原西部过渡地段，包含1个功能区，即甘南山地水源涵养功能区，是黄河重要水源补给区，行政区域主要涉及甘肃省的甘南藏族自治州、临夏回族自治州。该区生态系统类型以草甸、灌丛为主，还有较大面积的湿地，具有重要的水源涵养功能和生物多样性保护功能。同时，该区还具有重要的土壤保持、沙化控制功能。

（3）三江源水源涵养与生物多样性保护重要区

该区位于青藏高原腹地，包含3个功能区，分别为黄河源水源涵养功能区、长江源水源涵养功能区和澜沧江源水源涵养功能区，行政区域涉及青海省南部的玉树藏族自治州、果洛藏族自治州、海西蒙古族藏族自治州、海南藏族自治州、黄南藏族自治州。该区是长江、黄河、澜沧江的源头区，具有重要的水源涵养功能。此外，该区还是我国最重要的生物多样性保护地区之一，有"高寒生物自然种质资源库"之称。

（4）阴山北部防风固沙重要区

该区地处阴山北麓半干旱农牧交错带，包含1个功能区，即阴山北部防风固沙功能区，行政区域主要涉及内蒙古自治区的乌兰察布市、巴彦淖尔市、包头市、呼和浩特市。该区气候干旱、多大风，沙漠化敏感性程度极高，是主要风沙源之一，是防风固沙重要区域。

（5）鄂尔多斯高原防风固沙重要区

该区位于鄂尔多斯高原向陕北黄土高原的过渡地带，包含4个功能区，分别为鄂尔多斯高原东部防风固沙功能区、鄂尔多斯高原中部防风固沙功能区、毛乌素沙地防风固沙功能区和鄂尔多斯高原西南部防风固沙功能区，行政区域主要涉及内蒙古自治区的鄂尔多斯市、乌海市，陕西省的榆林市，宁夏回族自治区的银川市、吴忠市。该区属于内陆半干旱气候，发育了以沙生植被为主的草原植被类型，土地沙漠化敏感性程度极高，是我国防风固沙重要区域。

（6）西鄂尔多斯—贺兰山—阴山生物多样性保护与防风固沙重要区

该区地处贺兰山、鄂尔多斯高原、阿拉善高原与阴山的结合部，包含1个功能区，即西鄂尔多斯—贺兰山—阴山生物多样性保护与防风固沙功能区，行政区域主要涉及内蒙古自治区的巴彦淖尔市、阿拉善盟、鄂尔多斯市、乌海市，以及宁夏回族自治区的石嘴山市、银川市、吴忠市和中卫市。该区建有内蒙古贺兰山、宁夏贺兰山、西鄂尔多斯、哈腾套海等多个国家级自然保护区，对保护沙冬青、四合木、半日花、绵刺等珍稀濒危植物，以及山地森林和荒漠生态系统等具有极为重要的作用。此外，该区位于我国中温带干旱-半干旱地区，区内植被在水源涵养和防风固沙方面也发挥着重要作用。

（7）祁连山水源涵养重要区

该区位于青海省与甘肃省交界处，包含 2 个功能区，分别为青海湖水源涵养功能区、祁连山水源涵养功能区，是黑河、石羊河、疏勒河、大通河、党河、哈勒腾河等诸多河流的源头区，行政区域主要涉及甘肃省的武威市，青海省的海南藏族自治州、海北藏族自治州、海西蒙古族藏族自治州和海东市。该区生态系统类型主要有针叶林、灌丛及高山草甸和高山草原等，具有重要水源涵养功能，同时在生物多样性保护等方面也具有重要作用。

（8）太行山区水源涵养与土壤保持重要区

该区主要位于河北省、山西省与河南省交界地区，北起北京市西山，向南延伸至河南省与山西省交界地区的王屋山，西接山西高原，东临华北平原，包含 1 个功能区，即太行山区水源涵养与土壤保持功能区，行政区域主要涉及山西省的忻州市、晋中市、运城市、长治市、晋城市，河南省的焦作市、安阳市、新乡市。太行山是黄土高原与华北平原的分水岭，是海河及其他诸多河流的发源地，其水源涵养功能对保障区域生态安全极其重要。该区主要植被类型有落叶阔叶林、针阔混交林和针叶林等，森林植被类型较为多样，在水源涵养与土壤保持方面发挥了极重要的作用。

（9）秦岭—大巴山生物多样性保护与水源涵养重要区

该区包括秦岭山地和大巴山地，包含 3 个功能区，分别为米仓山—大巴山水源涵养功能区、秦岭山地生物多样性保护与水源涵养功能区和豫西南山地水源涵养功能区。行政区域主要涉及陕西省的西安市、宝鸡市、商洛市、渭南市，甘肃省的天水市、甘南藏族自治州。该区地处我国亚热带与暖温带的过渡带，发育了以北亚热带为基带（南部）和暖温带为基带（北部）的垂直自然带谱，是我国乃至东南亚地区暖温带与北亚热带地区生物多样性最丰富的地区之一，是我国生物多样性重点保护区域。该区位于渭河南岸诸多支流的发源地和嘉陵江、汉江上游丹江水系的主要水源涵养区，是南水北调中线的水源地。

（10）岷山—邛崃山—凉山生物多样性保护与水源涵养重要区

该区位于四川盆地西部的岷山、邛崃山和凉山分布区，包含 2 个功能区，分别为岷山—邛崃山生物多样性保护与水源涵养功能区、凉山生物多样性保护功能区，是白龙江、涪江、大渡河、岷江、雅砻江等多条河流的水源地，行政区域主要涉及四川省的阿坝藏族羌族自治州。区内有卧龙、王朗、九寨沟等多个国家级自然保护区，原始森林以及野生珍稀动植物资源十分丰富，是大熊猫、羚牛、川金丝猴等重要珍稀生物的栖息地，是我国乃至世界生物多样性保护重要区域。该区山高坡陡，雨水丰富，水土流失敏感性程度高。

（11）川西北水源涵养与生物多样性保护重要区

该区位于四川省的西北部，包含 1 个功能区，即川西北水源涵养与生物多样性保护功能区，是长江重要支流雅砻江、大渡河、金沙江的源头区和水源补给区，也是黄河上游重要水源补给区，行政区域主要涉及四川省的阿坝藏族羌族自治州。区内生物多样性丰富，建有多个自然保护区。该区地貌类型以高原丘陵为主，地势平坦，沼泽、牛轭湖星罗棋布；植被类型以高寒草甸和沼泽草甸为主，有少量亚高山森林及灌草丛分布。此外，该区植被在生物多样性保护、水土保持和土地沙化防治方面也具有重要作用。

（12）鲁中山区土壤保持重要区

该区位于山东省中部，包含 1 个功能区，即鲁中山区土壤保持功能区，地貌类型属中低山丘陵，地带性植被以落叶阔叶林为主，行政区域主要涉及山东省的济南市、泰安市、莱芜区。该区属于温带大陆性半湿润季风气候区，春季干燥多风，夏季炎热多雨，水热条件较好，水土流失敏感，是土壤保持重要区域。

3.4.3 自然保护地

截至 2018 年，沿黄 9 省（区）共建设了各级各类自然保护区 663 处。其中，国家级自然保护区共计 53 处，以森林生态、野生动物类保护区为主（表 3-12）。

表 3-12 黄河流域国家级自然保护区名录

序号	保护区名称	省（区）	主要保护对象	类型	始建时间
1	黄河首曲	甘肃	黄河首曲高原湿地生态系统	内陆湿地	1995-11-23
2	甘肃莲花山	甘肃	森林生态系统	森林生态	1982-12-03
3	甘肃祁连山	甘肃	水源涵养林及珍稀动物	森林生态	1987-10-24
4	连城	甘肃	森林生态系统及祁连柏、青杆等物种	森林生态	2001-04-13
5	太统—崆峒山	甘肃	温带落叶阔叶林及野生动植物	森林生态	1982-11-19
6	太子山	甘肃	水源涵养林及野生动植物	森林生态	2005-12-28
7	洮河	甘肃	森林生态系统	森林生态	2005-02-02
8	兴隆山	甘肃	森林生态系统及马麝等野生动物	森林生态	1982-11-19
9	尕海—则岔	甘肃	黑颈鹤等野生动物、高寒沼泽湿地森林生态系统	野生动物	1982-09-02
10	漳县珍稀水生动物	甘肃	细鳞鲑及其生境	野生动物	2005-02-02
11	河南黄河湿地	河南	湿地生态系统、珍稀鸟类	内陆湿地	1995-08-18
12	新乡黄河湿地鸟类	河南	天鹅、鹤类等珍禽及湿地生态系统	内陆湿地	1988-07-27
13	伏牛山	河南	过渡带森林生态系统	森林生态	1982-06-24
14	小秦岭	河南	暖温带森林生态系统及珍稀动植物	森林生态	1982-06-24
15	太行山猕猴	河南	猕猴及森林生态系统	野生动物	1982-06-24
16	鄂托克恐龙遗迹化石	内蒙古	恐龙足迹化石	古生物遗迹	1998-10-01
17	哈腾套海	内蒙古	绵刺及荒漠草原、湿地生态系统	荒漠生态	1995-01-01
18	内蒙古大青山	内蒙古	森林生态系统	森林生态	1996-12-16
19	内蒙古贺兰山	内蒙古	水源涵养林、野生动植物	森林生态	1992-05-13

序号	保护区名称	省（区）	主要保护对象	类型	始建时间
20	鄂尔多斯遗鸥	内蒙古	遗鸥及湿地生态系统	野生动物	1998-05-26
21	西鄂尔多斯	内蒙古	四合木等濒危植物及荒漠生态系统	野生植物	1986-12-01
22	云雾山	宁夏	黄土高原半干旱区典型草原生态系统	草原草甸	1982-04-03
23	火石寨丹霞地貌	宁夏	丹霞地貌地质遗迹及自然人文景观	地质遗迹	2002-12-16
24	哈巴湖	宁夏	荒漠生态系统、湿地生态系统及珍稀野生动植物	荒漠生态	1998-07-25
25	灵武白芨滩	宁夏	天然柠条母树林及沙生植被	荒漠生态	1985-01-01
26	沙坡头	宁夏	自然沙生植被及人工治沙植被	荒漠生态	1984-09-01
27	六盘山	宁夏	水源涵养林及野生动物	森林生态	1982-07-01
28	宁夏贺兰山	宁夏	森林生态系统、野生动植物资源	森林生态	1982-07-01
29	宁夏罗山	宁夏	珍稀野生动植物及森林生态系统	森林生态	1982-07-01
30	三江源	青海	珍稀动物及湿地、森林、高寒草甸等	内陆湿地	2000-05-23
31	大通北川河源区	青海	高原森林生态系统及白唇鹿、冬虫夏草等珍稀野生动植物	森林生态	2005-10-17
32	循化孟达	青海	森林生态系统及珍稀生物物种	森林生态	1980-04-03
33	黄河三角洲	山东	河口湿地生态系统及珍禽	海洋海岸	1990-12-27
34	黑茶山	山西	森林生态系统及褐马鸡	森林生态	2002-06-20
35	历山	山西	森林植被及金钱豹、金雕等野生动物	森林生态	1983-12-26
36	灵空山	山西	油松林和辽东栎林等暖温带落叶阔叶林生态系统及褐马鸡、豹等珍稀野生动物	森林生态	1993-01-20
37	芦芽山	山西	褐马鸡及华北落叶松、云杉次生林	野生动物	1980-12-18
38	庞泉沟	山西	褐马鸡及华北落叶松、云杉等森林生态系统	野生动物	1980-12-18
39	五鹿山	山西	褐马鸡及其生境	野生动物	1993-01-20
40	阳城莽河猕猴	山西	猕猴等珍稀野生动植物	野生动物	1983-12-26
41	陕西子午岭	陕西	森林生态系统及豹、黑鹳、金雕等濒危动物	森林生态	1999-02-09
42	太白山	陕西	森林生态系统、大熊猫、金丝猴、扭角羚等濒危动物	森林生态	1965-09-08
43	佛坪	陕西	大熊猫、金丝猴、扭角羚等野生动物及森林生态系统	野生动物	1978-12-15
44	韩城黄龙山褐马鸡	陕西	褐马鸡及其生境	野生动物	2001-08-25
45	陇县秦岭细鳞鲑	陕西	细鳞鲑及其生境	野生动物	2001-11-29
46	牛背梁	陕西	扭角羚等珍稀动物及其栖息地	野生动物	1980-10-01
47	观音山	陕西	大熊猫及其生境	野生动物	2003-06-17
48	老县城	陕西	大熊猫、金丝猴、羚牛、林麝等珍稀野生动物及其栖息地	野生动物	1993-07-10
49	天华山	陕西	大熊猫、金丝猴、扭角羚等野生动物及其生境	野生动物	2003-06-17
50	延安黄龙山褐马鸡	陕西	褐马鸡及其生境	野生动物	2001-12-18
51	周至	陕西	金丝猴等野生动物及其生境	野生动物	1984-01-01
52	若尔盖湿地	四川	高寒沼泽湿地及黑颈鹤等野生动物	内陆湿地	1994-11-18
53	长沙贡玛	四川	高寒湿地生态系统和藏野驴、雪豹、野牦牛等珍稀动物	野生动物	1995-11-08

3.4.4　黄河流域生态定位

根据黄河流域生态系统服务功能重要性评价、生态系统敏感性评价，以及《全国主体功能区规划》《全国生态功能区划（修编版）》，黄河流域主导生态功能为水土保持、防风固沙、水源涵养、生物多样性保护，其中北部主要为防风固沙重要区和水土保持重要区，西部、东部和南部主要为水源涵养和生物多样性保护重要区。

第4章

黄河流域生态环境现状及问题

4.1 生态系统现状

4.1.1 生态系统空间格局基本保持稳定

2000—2020 年，黄河流域生态系统的空间格局基本保持稳定。黄河流域生态系统类型以草地生态系统、农田生态系统和森林生态系统为主，2020 年三者面积之和占流域总面积的比例为 87.41%。2000—2020 年，从生态系统的面积占比来看（图 4-1），整体排序始终为草地>农田>森林>荒漠>其他>城镇>湿地，草地生态系统占有绝对优势，面积占比始终保持在 47%以上，而湿地系统占比均不超过 2%。从生态系统的面积变化来看，不同生态系统类型呈现非均衡变化，森林、湿地和城镇生态系统面积呈正增长态势，农田生态系统面积呈负增长态势，草地生态系统面积先减少后增加，荒漠和其他生态系统面积先增加后减少。2000—2020 年，黄河流域城镇生态系统面积增长了 1.35 个百分点；农田生态系统面积减少了 1.65 个百分点；森林、草地、湿地、荒漠和其他等生态系统面积变动分别为 –0.45 个百分点、0.68 个百分点、0.11 个百分点、–0.32 个百分点、–0.64 个百分点。

4.1.2 生态系统质量整体提升

2000—2020 年，黄河流域生态质量总体呈现向好趋势，生态质量改善区域占流域总面积的 79%，但局部地区仍存在生态质量下降的现象，占流域总面积的 20%。其中，上游地区 76.8%的区域生态质量有所提升，23.07%的区域生态质量轻微降低，主要集中在青海省、四川省、甘肃省、宁夏回族自治区、内蒙古自治区部分地区。中游地区 93.42%的区域生态质量明显提升，7.12%的区域生态质量轻微降低；下游地区 80.12%的区域生态质量有所提升，19.54%的区域生态质量轻微降低，主要分布在河南省和山东省部分地区。

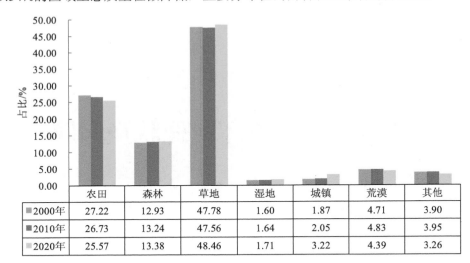

图 4-1　2000—2020 年黄河流域生态系统类型占比

生态系统类型	农田	森林	草地	湿地	城镇	荒漠	其他
2000年	27.22	12.93	47.78	1.60	1.87	4.71	3.90
2010年	26.73	13.24	47.56	1.64	2.05	4.83	3.95
2020年	25.57	13.38	48.46	1.71	3.22	4.39	3.26

2015—2019 年，黄河流域范围内县域生态环境状况指数（EI）平均值由 49.83 下降到 49.81，生态环境状况总体为"一般"，低于全国平均水平（"良好"）。从空间上看，黄河流域生态环境状况呈黄河源头区、南部地区高，中部地区低的总体格局，尤其是黄土高原地区的县域生态环境状况普遍较差。

根据《生态环境状况评价技术规范》（HJ 192—2015）中生态环境状况变化度分级标准，进一步分析县域生态环境状况指数变化情况，如表 4-1 所示。生态环境状况指数上升的县域共 192 个、下降的共 107 个、无明显变化的共 140 个，分别占流域县域总数的 43.7%、24.4% 和 31.9%。其中，生态环境状况指数上升的县域中 64.6% 为略微上升，生态环境状况指数下降的县域中 48.6% 为显著下降、39.3% 为略微下降。从空间布局上看，生态环境状况指数上升的县域约 59.9% 位于上游地区；生态环境状况指数下降的县域约 87.9% 位于中、下游地区。

表 4-1　2015—2019 年流域县域生态环境状况指数变化分级统计

变化分级		全流域		上游		中、下游	
		县域个数	占县域总数比例/%	县域个数	同级占比/%	县域个数	同级占比/%
无明显变化		140	31.9	38	27.1	102	72.9
下降	略微下降	42	9.6	0	0.0	42	100.0
	明显下降	13	3.0	5	38.5	8	61.5
	显著下降	52	11.8	8	15.4	44	84.6
	下降小计	107	24.4	13	12.1	94	87.9
上升	略微上升	124	28.2	84	67.7	40	32.3
	明显上升	40	9.1	25	62.5	15	37.5
	显著上升	28	6.4	6	21.4	22	78.6
	上升小计	192	43.7	115	59.9	77	40.1

4.1.3　生态系统服务功能有所提升

　　黄河上游地区水源涵养功能增加趋势明显。2000—2019 年，黄河上游的水源涵养量增加了 9.56%，约 42.74%的区域水源涵养功能呈增加趋势，主要分布在上游的西南部，特别是近 5 年水源涵养总量增加了近 1.6 倍。生态保护管控区水源涵养量呈增加趋势，非管控区呈减少趋势。其中，主导功能为水源涵养的生态保护管控区水源涵养量增速较快，尤其是若尔盖草原湿地生态功能区、甘南黄河重要水源补给生态功能区、三江源草原草甸湿地生态功能区的水源涵养功能显著提升，管控成效明显。

　　黄河中游地区土壤保持功能整体增强。2000—2019 年，黄河中游土壤保持量整体呈增加趋势，增加幅度为 0.41 万 t/km²；土壤侵蚀量整体呈减少趋势，减幅为 0.64 万 t/km²。黄河中游近 41%面积的土壤保持量呈增加趋势，增加的区域主要分布在山西省、陕西省北部以及内蒙古自治区部分区域；55%以上面积的土壤侵蚀量呈减少趋势，土壤保持功能整体增强，水土流失情况有所缓解。从整体变化来看，黄河中游生态保护管控区的土壤保持量增幅大于非管控区，土壤侵蚀量减幅大于非管控区，说明管控区的保护措施对土壤保持功能有提升作用。相关研究发现，自 2000 年以来，随着退耕还林还草工程的实施，植被恢复措施成为土壤保持的主要贡献者，但随着坝库等工程措施拦沙能力的逐渐下降，在黄土高原维持可持续的植被生态系统对有效保持土壤和控制黄河输沙量反弹至关重要。

　　黄河三角洲地区的生境质量呈整体下降趋势，但保护区内生物多样性保护功能有所提升。黄河三角洲自然湿地面积较大，2017 年自然湿地面积为 1 232.05 km²，占三角洲陆域面积比例约为 41%，主要有盐沼湿地、草本沼泽和灌丛湿地等。黄河三角洲生境质量整体不高，其中，高值区集中在滨海湿地自然资源丰富区。1999—2017 年，黄河三角洲自然湿地面积不断萎缩，生境质量下降，生物多样性保护热点区域呈逐渐缩小趋势。保护区内外生境质量指数均呈下降趋势（图 4-2），保护区内下降幅度小于保护区外；自然保护区水鸟数量有所增加，一定程度上反映了开展滨海湿地保护和修复工程对提高生物多样性的推动作用。

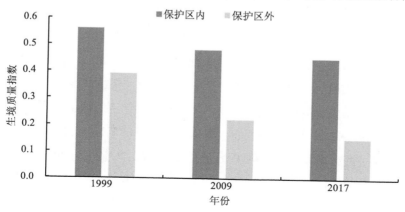

图 4-2　不同时期黄河三角洲自然保护区内外的生境质量指数对比

4.1.4　植被覆盖度总体提升

近 20 年黄河流域植被覆盖度大幅提升，植被"绿线"向西移动了约 300 km。黄河流域植被覆盖度整体上南部高于北部，河源区和下游地区较高。森林、灌丛、草地等自然植被的总面积占黄河流域总面积的 59.56%，平均植被覆盖度为 37.38%，高于农业空间的植被覆盖度（37.82%）。2000—2020 年，全流域平均植被覆盖度由 24.05%增至 38.84%，以每年 0.65%的速率增加，增长速率较快区域主要位于黄河流域中部。植被覆盖度增加最快的为山西省，贡献度较高的为陕西省和甘肃省。仅 2.54%的区域植被覆盖度呈下降趋势，主要是位于黄河流域下游城镇周边的农田和草地。生态保护红线和国家级自然保护区生态本底好，其植被覆盖度相对稳定，重点生态功能区内植被恢复相对明显。

4.2　环境质量现状

4.2.1　水环境质量明显改善

"十一五"时期以来黄河流域地表水水质总体改善。根据《中国生态环境状况公报》，2006—2020 年，黄河流域 137 个断面中，Ⅰ～Ⅲ类断面比例升高 34.7 个百分点，劣Ⅴ类断面比例下降 25 个百分点，水质状况由中度污染改善为轻度污染。2021 年，黄河流域 265 个国考断面中，Ⅰ～Ⅲ类水质断面比例占 81.9%，比 2020 年上升 2.0 个百分点；劣Ⅴ类断面比例为 3.8%，比 2020 年下降 1.1 个百分点。

黄河上游从源头至内蒙古自治区的河口镇，河段长 3 472 km；黄河中游自内蒙古自治区的托克托县河口镇至河南省郑州市桃花峪，河段长 1 206 km；黄河下游自桃花峪到渤海，河段长 786 km。

2015—2020 年黄河上、中、下游地区Ⅰ～Ⅲ类断面比例见图 4-3，劣Ⅴ类断面比例见图 4-4。2020 年，黄河上游地区 42 个断面中，Ⅰ～Ⅲ类断面比例为 90.5%，无劣Ⅴ类断面，水质优；中游地区 91 个断面中，Ⅰ～Ⅲ类断面比例为 82.4%，无劣Ⅴ类断面，水质状况为良好；下游地区 14 个断面中，Ⅰ～Ⅲ类断面比例为 92.9%，无劣Ⅴ类断面，水质为优。与 2015 年相比，上游地区Ⅰ～Ⅲ类断面比例提高 16.1 个百分点，劣Ⅴ类断面比例下降 12.8 个百分点；中游地区Ⅰ～Ⅲ类断面比例提高 24.1 个百分点，劣Ⅴ类断面比例下降 19.8 个百分点；下游地区Ⅰ～Ⅲ类断面比例提高 28.6 个百分点，劣Ⅴ类断面比例下降 7.1 个百分点。

2015—2020 年汾河流域水质状况见图 4-5 和表 4-2。其中，2015—2019 年汾河流域水质均为重度污染，其中Ⅰ～Ⅲ类断面比例升高 7.7 个百分点，劣Ⅴ类断面比例下降 7.7 个百分点。2020 年，汾河流域Ⅰ～Ⅲ类断面比例为 41.7%，无劣Ⅴ类断面，水质轻度污染；与 2015 年相比，Ⅰ～Ⅲ类断面比例升高 10.9 个百分点，劣Ⅴ类断面比例下降 61.5 个百分点。

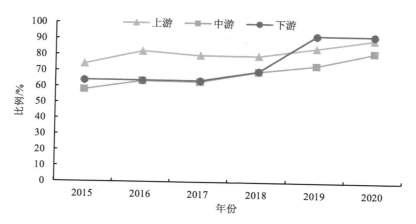

图 4-3 2015—2020 年黄河上、中、下游地区 I ～Ⅲ类断面比例

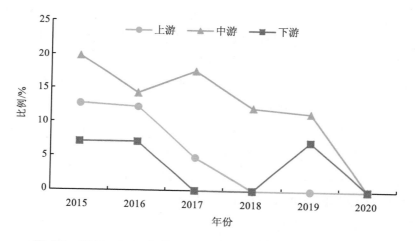

图 4-4 2015—2020 年黄河上、中、下游地区劣 V 类断面比例

图 4-5 2015—2019 年汾河流域水质状况变化

表 4-2 2015—2020 年汾河流域水质状况 　　　　　　单位：%

年份	Ⅰ～Ⅲ类断面比例	劣Ⅴ类断面比例
2015	30.8	61.5
2016	38.5	61.5
2017	38.5	61.5
2018	30.8	61.5
2019	38.5	53.8
2020	41.7	0

4.2.2　大气环境质量

2019 年，从大气污染综合指数来看，黄河流域上、中、下游城市平均指数分别为 3.51、5.01 和 5.94，综合的大气污染程度呈现出下游城市最重、中游城市其次、上游城市最轻。大气污染严重城市主要位于大气污染防治重点区域内。从主要大气污染物的空间分布来看，除山西省忻州市、山东省东营市和泰安市 3 个城市，其他污染严重的城市均位于大气污染防治重点区域内，包括汾渭平原所有的 11 个城市，即山西省晋中市、运城市、临汾市、吕梁市，河南省洛阳市、三门峡市，陕西省西安市、铜川市、宝鸡市、咸阳市、渭南市；京津冀大气污染传输通道城市（以下简称"2+26"城市）的 11 个城市，即山西省太原市、长治市、晋城市，山东省济南市、滨州市，河南省郑州市、开封市、安阳市、新乡市、焦作市、濮阳市。

根据《中国生态环境状况公报》，2021 年，汾渭平原 11 个城市优良天数比例在 53.2%～80.8%，平均为 70.2%，比 2020 年上升 0.4 个百分点。其中，1 个城市优良天数比例在 80%～100%，10 个城市优良天数比例在 50%～80%。平均超标天数比例为 29.8%，其中，轻度污染为 21.8%，中度污染为 5.0%，重度污染为 1.6%，严重污染为 1.4%，重度及以上污染天数比例比 2020 年上升 0.2 个百分点。以 O_3、$PM_{2.5}$、PM_{10} 为首要污染物的超标天数分别占总超标天数的 39.3%、38.0% 和 22.7%，未出现以 NO_2、CO、SO_2 为首要污染物的超标天。除 O_3 外，2021 年 $PM_{2.5}$、PM_{10}、SO_2、NO_2、CO 的浓度都比 2020 年降低（表 4-3）。其中降幅最大的是 SO_2 和 $PM_{2.5}$，降幅分别为 16.7% 和 16.0%。

表 4-3 2021 年汾渭平原主要大气污染物浓度

指标	浓度/（μg/m³）	比 2020 年变化/%
$PM_{2.5}$	42	−16.0
PM_{10}	76	−8.4
O_3	165	3.1
SO_2	10	−16.7
NO_2	33	−2.9
CO	1.3	−13.3

4.2.3　黄河流域土壤环境质量总体良好

黄河流域土壤环境质量总体良好，但局部地区土壤环境不容乐观，尤其是部分工业园区及重污染企业周边耕地、有色金属矿区和重点行业企业用地土壤环境问题突出。根据第一次土壤污染状况调查，宁夏回族自治区土壤环境质量处于相对清洁水平，青海省、甘肃省、内蒙古自治区、陕西省、山西省、河南省等省（区）土壤环境质量状况总体较好。四川省土壤污染较为严重，点位超标率为 28.7%，其中轻微、轻度、中度和重度污染点位比例分别为 22.60%、3.41%、1.59% 和 1.07%；污染类型以无机型为主、有机型次之、复合型污染比重较小，无机污染物超标点位数占全部超标点位的 93.9%。

4.3　碳排放评价

4.3.1　碳排放评价方法

（1）碳排放量核算方法

联合国政府间气候变化专门委员会（IPCC）提出的碳排放系数法是目前采用最多的方法，CO_2 排放量核算公式：

$$E = AD \times EF / 12 \times 44 \tag{4-1}$$

式中：E 为 CO_2 排放量，万 t；AD 为核算期内该省份能源消费总量（以标煤计），万 t；EF 为碳排放因子，即 1 t 标煤完全燃烧产生的 CO_2 的碳排放系数，此处采用国家发展和改革委员会能源研究所推荐的碳排放系数 0.67 t/t 标煤进行估算。

（2）碳排放强度核算方法

碳排放强度是行政区域内单位地区生产总值的增长所带来的 CO_2 排放量，用来衡量经济增长同碳排放量增长之间的关系，CO_2 排放强度核算公式：

$$Q = E / G \tag{4-2}$$

式中：G 为行政区域内可比价地区生产总值（以 2005 年为基准，亿元）。

4.3.2　黄河流域碳排放情况

黄河流域碳排放量地区差异明显。2005—2021 年，黄河流域 9 省（区）CO_2 排放量均呈上升趋势（图 4-6），其中，山东省、河南省、四川省和内蒙古自治区 CO_2 排放量较高；内蒙古自治区、山东省和四川省 CO_2 排放量增长幅度明显，CO_2 排放年均增长量均超过 1 500 万 t。2005—2021 年，黄河流域 CO_2 排放强度总体呈下降趋势（图 4-7），宁夏回族自治区、青海省和山西省 CO_2 排放强度较高；青海省、甘肃省和山西省 CO_2 排放强度下降明显，其中，青海省 CO_2 排放强度年平均下降 0.21 万 t/亿元，陕西省 CO_2 排放强度下降幅度较小，年平均下降 0.09 万 t/亿元。

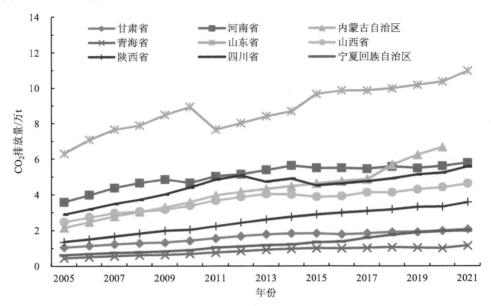

图 4-6　2005—2021 年黄河流域 CO_2 排放量

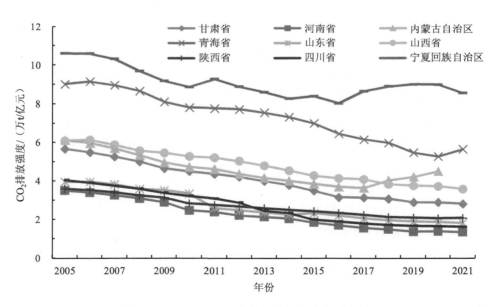

图 4-7　2005—2021 年黄河流域 CO_2 排放强度

4.3.3　晋陕蒙地区碳排放情况

从总体上看，2005—2020 年晋陕蒙地区 CO_2 排放量呈上升态势（图 4-8），其中，2019 年山西省、陕西省、内蒙古自治区的 CO_2 排放量分别为 5.76 亿 t、3.19 亿 t、8.94 亿 t，内蒙古自治区 CO_2 排放量居于首位，2019 年内蒙古自治区 CO_2 排放量占 3 省（区）CO_2 排放量近 50%。以 2005 年可比地区生产总值计算出晋陕蒙地区历年 CO_2 排放强度（图 4-9），山西省、陕西省和内蒙古自治区的 CO_2 排放强度变化不大。

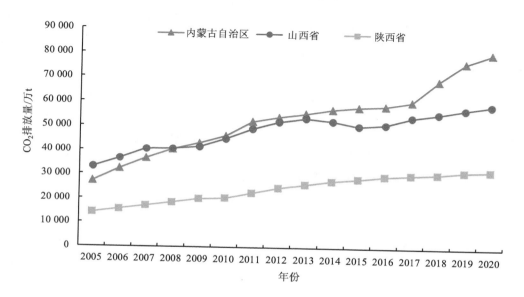

图 4-8　2005—2020 年晋陕蒙地区 CO_2 排放量

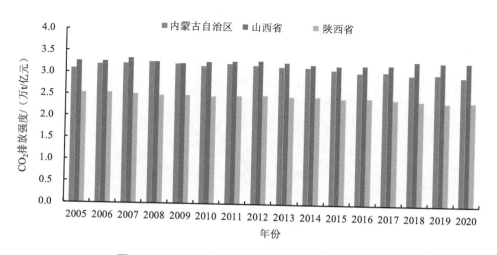

图 4-9　2005—2020 年晋陕蒙地区 CO_2 排放强度

4.3.4　影响因素解析

LMDI 法能够很好地测量某一因素在事物整体变化的贡献程度，因而在能源研究领域常被国内外学者使用。本书采用 LMDI 法对各因素进行的贡献进行探析，具体公式如下：

$$CO_2 = \frac{CO_{2i}}{PE_i} \times \frac{PE_i}{GDP_i} \times \frac{GDP_i}{POP} \times POP \qquad (4\text{-}3)$$

式中：i 代表某一区域；PE_i 代表某区域能源消费量；GDP_i 代表某区域内的生产总值；POP 代表区域人口总数。为便于计算，令 $A_i = \frac{CO_{2i}}{PE_i}$，代表每单位能源所释放的 CO_2 数量，可用来反映某地区煤油气的比重变化，即一次能源结构。A_i 数值越大，则表明某年份该地区对系数高的能源使用量越多。令 $B_i = \frac{PE_i}{GDP_i}$，代表某地区单位地区生产总值所消耗的能源量，可视为能源强度；令 $C_i = \frac{GDP}{POP}$，用于反映一个地区的人均可支配收入，记为产出规模。

基于时间数列数据构建对碳排放总量的 LMDI 分解模型如下：

$$C = \sum_i C_i = \sum_i A_i B_i C_i D \qquad (4\text{-}4)$$

C^0 和 C^T 分别代表基准期与 T 期的 CO_2 排放总量，净变量用 C_{tot} 表示，则加法分解如下式：

$$\Delta C_{tot} = C^T - C^0 = \Delta C_{Ai} + \Delta C_{Bi} + \Delta C_{Ci} + \Delta C_D \qquad (4\text{-}5)$$

CO_2 排放贡献率

$$\delta_x = \frac{\Delta C_x}{\Delta C_{tot}} \qquad (4\text{-}6)$$

式中：A_i 为能源结构效应；B_i 为能源强度效应；C_i 为经济规模效应；D 为人口规模效应。各因素的表达式如下：

$$\Delta C_{Ai} = \sum_i W_i \times \ln \frac{A_i^T}{A_i^0}$$

$$\Delta C_{Bi} = \sum_i W_i \times \ln \frac{B_i^T}{B_i^0}$$

$$\Delta C_{Ci} = \sum_i W_i \times \ln \frac{C_i^T}{C_i^0} \qquad (4\text{-}7)$$

$$\Delta C_D = \sum_i W_i \times \ln \frac{D^T}{D^0}$$

$$W_i = \frac{C_i^T - C_i^0}{\ln C_i^T - \ln C_i^0}$$

　　采用 LMDI 模型对晋陕蒙地区的 CO_2 排放影响因素进行解析,以揭示不同驱动因素对 CO_2 排放的影响。考虑到经济发展中价格不断变化的因素,各年现价地区生产总值不具有可比性,因此采用 2005 年为基期的不变价生产总值。净变量的大小反映各个时期 CO_2 变化的程度,由于不同时期净变量均为正值,所以晋陕蒙地区 CO_2 排放量均呈现增加态势,但陕西省 2015—2020 年 CO_2 排放量增加速度放缓。综合来看,经济规模效应在 2005—2010 年、2010—2015 年、2015—2020 年这 3 个时期均促进了 CO_2 排放量的增加,是造成 CO_2 排放量增加的最主要因素,而能源结构效应、能源强度效应和人口规模效应在晋陕蒙地区的不同时期的表现作用有所不同。

　　山西省 CO_2 排放影响因素分解结果见图 4-10。山西省经济规模效应产生的 CO_2 排放量在 2005—2010 年、2010—2015 年、2015—2020 年这 3 个时期分别为 1.51 亿 t、1.73 亿 t、1.49 亿 t,呈正向驱动作用,且正向驱动作用减弱不明显。能源强度效应是促进 CO_2 排放量减少的主要因素,3 个时期遏制 CO_2 排放量分别为 –0.55 亿 t、–1.01 亿 t 和 –0.76 亿 t。能源结构效应和人口规模效应在不同时期表现的作用有所不同。其中,人口规模效应在 2010—2015 年和 2015—2020 年都遏制了 CO_2 的排放;能源结构效应在 2015—2020 年反而促进了 CO_2 排放量的增加。

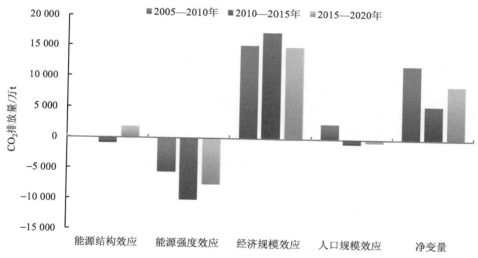

图 4-10　山西省 CO_2 排放影响因素分解结果

　　陕西省 CO_2 排放影响因素分解结果见图 4-11。陕西省经济规模效应产生的 CO_2 排放量在 2005—2010 年、2010—2015 年、2015—2020 年这 3 个时期分别为 1.06 亿 t、1.16 亿 t、0.85 亿 t,呈正向驱动作用,且正向驱动作用先升高后减弱。人口规模效应对 CO_2 排放也起到促进作用,3 个时期促进 CO_2 排放量分别为 0.02 亿 t、0.07 亿 t 和 0.09 亿 t。能源结构和能源强度均遏制了 CO_2 排放量的增加,且能源强度降低是促进 CO_2 降低的最主要因素,3 个时期遏制 CO_2 排放量分别为 –0.40 亿 t、–0.38 亿 t 和 –0.50 亿 t。

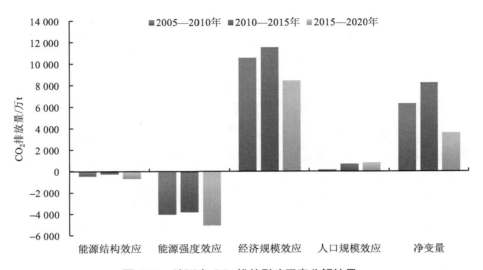

图 4-11　陕西省 CO_2 排放影响因素分解结果

内蒙古自治区 CO_2 排放影响因素分解结果见图 4-12。内蒙古自治区经济规模效应产生的 CO_2 排放量在 2005—2010 年、2010—2015 年、2015—2020 年这 3 个时期分别为 2.75 亿 t、2.71 亿 t、1.68 亿 t，呈正向驱动作用，且正向驱动作用在减弱。能源结构效应是 CO_2 排放量增加的又一促进因素，但其正向驱动作用不明显且呈减弱态势，能源结构向着更加低碳的方向发展。能源强度效应在 2005—2010 年和 2010—2015 年均表现出较强劲的遏制作用，遏制 CO_2 排放量分别为 –0.96 亿 t 和 –1.19 亿 t，但 2015—2019 年能源强度呈正向驱动效应。人口规模效应在 2010—2015 年和 2015—2019 年均遏制 CO_2 排放量的增加，但表现不明显，遏制 CO_2 排放量分别为 –0.07 亿 t 和 –0.08 亿 t。

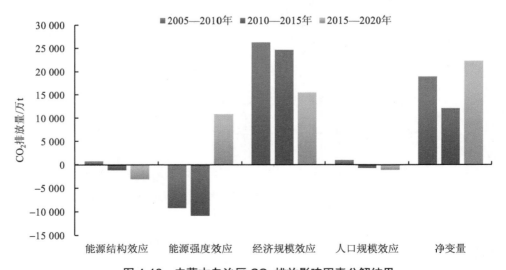

图 4-12　内蒙古自治区 CO_2 排放影响因素分解结果

4.4　生态保护治理成效

我国在黄河流域保护治理方面取得举世瞩目的成就。防洪减灾体系基本建成，河道萎缩态势初步得到遏制，流域用水过快增长局面得到有效控制，上游水源涵养能力稳定提升，中游黄土高原蓄水保土能力显著增强，下游河口湿地面积逐年回升，生物多样性明显增加，郑州市、西安市、济南市等中心城市以及中原地区城市群加快建设，全国重要的农牧业生产基地和能源基地的地位进一步巩固。

4.4.1　生态保护修复重大工程成效显著

近年来，国家先后实施了三江源自然保护区生态保护和建设、"三北"防护林建设、天然林保护、水土保持、退耕还林还草等重大工程，开展了祁连山、黄土高原、南太行、泰山等多个"山水林田湖草"生态保护修复工程试点，黄河流域生态保护修复力度不断加强。沿黄 9 省（区）划定并严守生态保护红线，以国家公园为主体的自然保护地体系初步形成，三江源国家公园作为第一批国家公园正式设立，祁连山国家公园体制试点任务圆满完成并通过国家评估验收，青海湖国家公园创建于 2022 年 4 月获国家公园管理局正式批复，羌塘—三江源、祁连山区等生物多样性保护优先区域划定。

2000—2020 年，黄河流域 84.88% 的区域植被覆盖度呈上升趋势，总体升高了 15 个百分点，植被"绿线"（以植被覆盖度 20% 为分界线）向西移动了约 300 km。流域上游生态系统水源涵养量增加 9.56%，42.74% 的区域水源涵养功能呈增加趋势。黄土高原水土流失面积治理近 50%，林草植被覆盖率约 63%，黄土高原主色调由"黄"变"绿"，水土流失情况有所缓解，水土保持等累计拦减泥沙 193.6 亿 t，平均每年减少入黄泥沙近 3 亿 t。

4.4.2　流域环境质量改善明显

2015—2020 年，黄河流域地表水水质持续改善，在流域内 137 个河流断面中，Ⅰ～Ⅲ类河流断面的比例升高了 28.1%，劣 Ⅴ 类河流断面比例下降了 16.7%，总体水质状况由中度污染改善为轻度污染。黄河流域大气主要污染物浓度降幅明显，2015—2020 年，$PM_{2.5}$ 和 PM_{10} 浓度分别下降了 25.0% 和 26.6%；优良天数比例提高 3.1 个百分点，重污染天气比例降低 1.6 个百分点。黄河流域土壤环境保护持续加强，将涉镉等重金属重点行业企业纳入土壤污染重点监管范围并开展整治，推动轻、中度污染耕地安全利用和重度污染耕地严格管控，强化建设用地准入管理，累计完成近 2 800 块地块土壤环境调查，对 150 多块地块开展土壤污染风险评估。

4.4.3　水沙调控能力大幅提升

近 20 年来，黄河流域开展了大规模的黄土高原水土保持和生态建设工程，增加水土流失治理面积为 21.3 万 km²，增加梯田面积为 3.32 万 km²，主要产沙区林草梯田的有效覆盖率由 1978 年的 18% 提高至 2020 年的 63%。黄土高原淤地坝由 1950 年的 2 000 余座增至 2015 年的 5.2 万余座（含骨干、中型坝 1.6 万余座），主要分布于丘陵沟壑区和高塬沟壑区。建成了 7 座水沙调控骨干控制工程，黄河下游战胜了 12 次超过 10 000 m³/s 的大洪水，扭转了历史上黄河下游频繁决口改道的局面，实现了连续 60 多年伏秋大汛堤防不决口。

4.4.4　黄河文化建设取得重要进展

黄河流域是旱作农业、现代人类起源的核心区域，是早期国家与城市文明发源之地。黄河文化是中华文明的重要组成部分，是中华民族的根和魂。建设黄河国家文化公园已纳入国家第十四个五年规划和 2035 年远景目标，将构建黄河文化价值体系和地标体系，挖掘黄河治理文化和保护传承黄河非物质文化遗产。近年来，黄河流域各省（区）政府相继出台了一系列管理办法、条例或建设规划，建设了三江源黄河文化生态区、郑州市黄河风景名胜区、山东东营黄河口湿地生态旅游区、三门峡百里黄河生态廊道等，将黄河文化传承、生态保护与观光旅游相结合，对保护黄河生态资源、传承弘扬黄河文化发挥了重要作用。

4.4.5　黄河流域绿色发展制度体系不断完善

我国立足黄河流域实际，从区域协调发展、打赢脱贫攻坚战、全面建成小康社会等战略视角出发，对黄河流域的保护治理与高质量发展进行了顶层设计与战略规划。国家积极推进黄河保护立法，2022 年 10 月 30 日，中华人民共和国第十三届全国人民代表大会常务委员会第三十七次会议通过《中华人民共和国黄河保护法》，并于 2023 年 4 月 1 日起施行。2021 年 10 月 8 日，中共中央、国务院印发《黄河流域生态保护和高质量发展规划纲要》。国家发展和改革委员会、住房和城乡建设部联合印发《"十四五"黄河流域城镇污水垃圾处理实施方案》，指导黄河流域城镇污水垃圾处理等基础设施建设和运维。水利部印发《关于实施黄河流域深度节水控水行动的意见》，将水资源作为最大的刚性约束，全面实施黄河流域深度节水控水行动，推进水资源集约节约利用。

4.5　生态产品现状

4.5.1　黄河流域生态产品

黄河流域生态产品主要包括生态物质产品、生态调节服务、生态文化服务三类。受黄河流域自然条件影响，黄河流域生态物质产品与生态调节服务主要在黄河中、上游地区集中分布。

生态物质产品方面，农业产品重点分布在河套灌区、宁夏引黄灌区等农业主产区；林业产品主要在上中游的祁连山脉、秦岭山脉等区域；畜牧业产品主要在上游的青海省、内蒙古自治区、宁夏回族自治区、甘肃省等省份集中分布；优质水产品主要分布在上游，尤其是河源区；生物质能主要分布在河套灌区、宁夏引黄灌区等农业主产区。

生态调节服务主要包括土壤保持、水源涵养、洪水调蓄、空气净化、固碳释氧以及病虫害控制等，由于以上服务与植被覆盖水平、生态系统服务功能关系密切，故生态调节服务空间分布与生态系统服务功能空间分布高度一致，在上游及中游的水源涵养区、水土保持区、生物多样性保护区集中分布，由西向东呈逐渐递减的趋势。

生态文化服务在全流域分布各有特色，其中，上游地区自然风光优美且最为突出，能够提供生态旅游、生态认知与体验、自然教育等服务。中、下游地区人文文化较为丰富，能够提供休闲娱乐、艺术灵感、丰富精神生活等一系列服务。

4.5.2 三江源地区生态产品

（1）物质产品供给

三江源地区农业产品主要包括以青稞、豌豆、玉米、大豆等为代表的粮食作物，以油菜为代表的油料作物，以冬虫夏草、枸杞为代表的中药材，以及糖料、蔬菜、水果等农作物产品。林业产品是林木培育、林木砍伐相关产品；畜牧业产品包括家畜饲养及牛羊牧养类产品；渔业产品以人工养殖及原生自然的水生动物产品为主。其中，冬虫夏草属于名贵中藏药材资源，是三江源地区兼具独特性与稀缺性生物资源之一。

三江源地区淡水资源蕴藏总量超过 2 000 亿 m^3，是我国长江、黄河和澜沧江的发源地，也是三江淡水资源最重要的补给区，为中、下游地区提供了丰富的清洁水源。据新华社报道，三江源地区自产水资源总量以地表水为主，在 2005 年以后总体转丰，尤其是 2017 年以来增幅明显，2017—2022 年的年平均自产水资源总量达到 685.42 亿 m^3，相当于 4 800 多个杭州西湖蓄水量，比 1956—2000 年的年平均自产水资源量增加 38%。参考《2022 年青海省生态环境状况公报》，三江源地区长江干流水质达到 Ⅱ 类、黄河干流水质达到 Ⅱ 类、澜沧江干流水质达到 Ⅱ 类，水质状况均为优。

（2）调节服务

森林、草地、湖泊和沼泽等生态系统可提供水源涵养、净化环境、气候调节、土壤保持、生物多样性保护等调节支持服务。三江源是世界上面积最大、海拔最高、生物多样性最丰富的高原草原草甸湿地生态系统，在水源涵养、保护高原生物多样性等方面具有其他生态系统无法替代的调节功能。三江源地区草地分布广泛，草地对降雨截留、入渗并进行再分配，形成了其截留、吸收和贮存大气降水、涵养水源的功能。森林、草地等通过林冠层、枯落物、根系等各个层次消减雨水的侵蚀能量，增加土壤抗蚀性从而减轻土壤侵蚀，减少土壤流失。

三江源地区的草地、森林、泥潭、沼泽和其他陆地生态系统固碳能力强，土壤碳库储存了大量的碳，可以有效调节区域气候条件，对于全球气候变化有重要影响。此外，三江源是高原生物多样性最集中的地区，素有"高寒种质资源库"之称，为众多青藏高原特有物种和珍稀濒危物种提供了栖息地，是雪豹、藏羚羊、野牦牛等高原生灵的重要庇护所。

（3）文化服务

三江源地区不仅拥有大山、大江、大河、大草原、大雪山、大湿地、大动物乐园等原生态的自然景观，同时汇集了藏传佛教、唐蕃古道、玉树歌舞、赛马节等博大精深的宗教文化和多姿多彩的历史遗迹、民俗风情、节庆活动等传统文化，自然和人文景观兼备。2010年以来，以玉树为代表的三江源年均旅游人数呈指数型增长，将三江源地区的生态资源转化为经济价值。2021年，三江源国家公园被列入我国第一批国家公园名单，以期在实现严格保护的前提下，通过合理利用生态资源打造一批可吸纳就业的旅游、有机农牧等绿色产业，让群众共享生态保护红利，促进生态产品价值实现。三江源地区不仅是青海省旅游的"富矿区"，也是中国旅游乃至世界旅游的稀缺资源带，具有发展生态旅游不可替代的资源优势，文化服务价值潜力巨大。

4.6　主要生态环境问题

4.6.1　流域生态系统完整性与连通性受损

城镇化侵占生态用地，给流域生态系统造成较大压力。2000—2020年黄河流域城镇总面积扩张了10 773 km^2，主要集中在黄河流域中游，高于上游和下游城镇扩张面积的总和，挤占了大量生态空间，其中草地、森林和湿地生态系统被挤占的面积分别为 2 713 km^2、559 km^{2}和276 km^2。2010—2020年城镇扩张规模显著，是2000—2010年的4.5倍，自然生态系统破碎化加剧。人类对于生产、生活空间的需求逐渐扩大，而维持区域生态功能空间的需求被忽略，使区域生态空间过度占用和生态退化问题趋于加剧。

干流高度人工化，河流纵向连通性受严重影响。黄河干流高度人工化，汛期河道水量明显下降，河流水文过程受到严重影响，水生态系统完整性受损，河水难上滩，河流岸线生态系统受损，河流纵向连通性遭到破坏。据统计，截至2015年，黄河流域共建成水电站568座，其中大型水电站15座、中型水电站24座、小型水电站529座。

支流普遍存在断流现象，生态水量受挤占严重。近年来，全流域加强水量调度和取用水管控，虽然避免了干流出现断流，但支流水量大幅衰减，甚至一些支流仍存在断流现象。2000年以来，渭河、窟野河、秃尾河、无定河、三川河等主要支流径流量减少27.2%～56.5%；清涧河、皇甫川、大理河、延河、马莲河等部分小支流水量降幅更大，减少37%～98%。现有分水方案对水资源年际变化、衰减情况等因素考虑不足，枯水年同比例压缩取水量的分配方式导致河道生态水量受到挤占，不足以维持流域生态系统结构和功能，危害流域生态系统健康，导致鱼类资源呈现衰退态势，水生生物多样性持续降低。

4.6.2　上游地区天然草原与湿地生态系统退化，水源涵养功能下降

上游地区尤其是黄河河源区是维系流域生态健康的根本，水源涵养功能极其重要。但受自然因素和人类活动影响，黄河上游尤其是河源区天然草地、湿地生态系统退化问题突出。

黄河河源区水量减少明显。黄河唐乃亥以上的黄河河源区是黄河上游主要产水区，其来水量不但占全流域来水的比例高，而且水质好、产流过程平稳，是维系黄河水资源健康的根本。但受气候变化和人为因素共同影响，黄河河源区降水量偏少、冰川退缩、部分地区湖泊湿地萎缩、河川径流减少，甚至出现断流现象。

已有监测数据显示，1997—2006 年黄河河源区唐乃亥以上的水沙减幅明显，与 1970—1996 年年均水沙量相比，水量减幅 15.7%～76.4%，沙量减幅 22.6%～81.1%，尤其是黄河沿站水量、沙量减幅最大，减幅分别为 76.4%、81.1%（表 4-4）。2009—2017 年黄河源头唐乃亥站年平均水量约 202.3 亿 m³，高于 1997—2006 年平均水量，但仍低于 1970—1996 年平均水量，尤其是 2013 年后水量下降明显（图 4-13）。

表 4-4　河源区典型水文站不同时期实测年均水量、沙量变化

站名	1970—1996 年平均水量/亿 m³	1997—2006 年平均水量/亿 m³	水量减幅/%	1970—1996 年平均沙量/万 t	1997—2006 年平均沙量/万 t	沙量减幅/%
黄河沿	8.63	2.04	76.4	9.95	1.88	81.1
吉迈	42.26	32.68	22.7	109.06	50.34	53.8
玛曲	148.35	125.04	15.7	499.47	278.83	44.2
唐乃亥	209	167.96	19.6	1 430.12	1 106.41	22.6

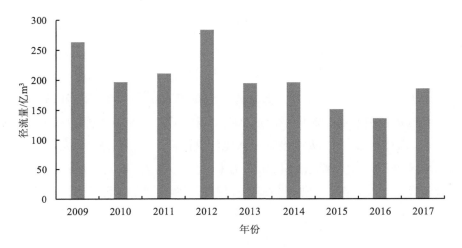

图 4-13　黄河源头唐乃亥站历年径流量

　　草地生态系统退化严重。2017 年上游地区的青海省、甘肃省、四川省、宁夏回族自治区、内蒙古自治区天然草原平均超载率均在 10% 以上，天然草地退化率在 50%～90%。1969—2013 年黄河源区的高覆盖高寒草原面积减少 56.99%，高覆盖高寒草甸面积减少 20.67%，中覆盖高寒草原面积减少 49.38%，在 2000 年后退化速率逐渐回落。尽管国家实施了三江源生态保护和建设工程，黄河源区草地生态系统退化态势已初步遏制，局部好转区域面积占比 35% 以上，但仍有约 64.5% 的退化草地尚未恢复；三江源地区轻度以上退化草地比例由 1990—2004 年的 36.08% 下降到 2012 年的 30.3%，仅下降了 5.78%，草地退化的局面没有得到根本性扭转。长期以来，黄河上游牧区半牧区天然草地实际载畜量高于理论载畜量，多年平均超载率为 25.7%，总体为超载状态，部分县区载畜压力较大。甘南黄河重要水源补给生态功能区有 80% 的天然草原出现了不同程度退化，草地鼠害严重，黑土滩、沙化面积不断增加，水土流失加剧、湖泊沼泽萎缩严重。受人为疏干改造、过度放牧的影响，若尔盖草原湿地面积大幅减少，草原退化、沙化加剧。

　　土地沙化趋势尚未根本遏制。黄河流经的鄂尔多斯高原及其周边地区是我国重要的风沙活动区，尽管近年来国家对库布齐沙漠、毛乌素沙地的治理取得了一定成效，但受频繁的人类活动干扰影响，局部地区沙化和荒漠化的趋势尚未得到根本遏制，未治理的沙化和荒漠化区域仍占较大比例，人口密度较大的区域荒漠化趋势极易出现反复现象。近 40 年来乌兰布和地区沙地面积呈扩张趋势；黄河流经的腾格里沙漠东部贺兰山西麓地区也呈现明显扩张态势。受风蚀作用影响，沙漠地区的风暴扬沙为黄河提供了大量粗泥沙补给物，成为黄河粗泥沙的重要来源之一。河套平原土地盐碱化、湖泊沼泽化问题突出。

4.6.3　中游地区生态系统脆弱，水土流失问题依然严重

　　中游地区尤其是黄土高原地区水土保持功能极其重要，直接关系到中、下游地区的防洪与生态安全。1949 年以来，通过实施一系列水土保持工程措施，水土流失范围缩小、程度减轻，入黄泥沙量显著下降。但因自然本底脆弱和受人类活动干扰影响，目前区域水土流失问题依然突出，现有水土保持成效仍不稳固。

　　水土流失依然严重。黄土高原大部分地区土壤侵蚀模数高于 1 000 t/（km^2·a），丘陵沟壑区土壤侵蚀剧烈，土壤侵蚀模数大部分高于 5 000 t/（km^2·a）。根据《2023 年中国水土保持公报》，黄土高原范围内水土流失面积较 2011 年减少了约 15.5%，但仍有约 19.87 万 km^2 的面积亟须治理，其中约 37.99% 为中度以上水土流失区，且多为粗沙区；黄河多沙粗沙水土保持重点治理区内仍有水土流失面积 10.38 万 km^2，其中有 43.45% 为中度以上水土流失区，治理任务极其繁重（表 4-5）。中游地区的陕西省、山西省仍是黄河流域水土流失较为严重的地区，截至 2023 年，陕西省仍有水土流失面积 6.14 万 km^2；山西省黄河流域内仍有水土流失面积 5.55 万 km^2，且大多处于山丘区和贫困地区，治理任务重、难度大。

表 4-5　2011 年与 2023 年黄土高原及黄河多沙粗沙重点防治区水土流失面积

区域		水土流失面积/km²			
		轻度	中度	强烈及以上	合计
黄土高原	2023 年	123 224	49 281	26 191	198 696
	2011 年	115 756	46 954	72 499	235 209
	变化率/%	6.5	5.0	−63.9	−15.5
黄河多沙粗沙重点治理区	2023 年	58 721	29 452	15 668	103 841
	2011 年	54 715	20 553	46 363	121 631
	变化率/%	7.3	43.3	−66.2	−14.6

水土流失治理投资标准偏低。一般国家水土保持重点工程投资标准为 50 万元/km²，其中中央投资 30 万元，其余由地方配套。但黄河流域水土流失区基本为经济欠发达地区，地方财政困难，配套资金难以落实，实际治理资金每亩仅 200 元，远达不到实际治理需求。据初步测算，河南省完成全省水土流失规划治理任务，每年需投入资金约 8 亿元，现每年投入约 4.5 亿元，远不能满足生态建设需求。同时淤地坝投资标准低，占地补偿矛盾突出，后期防汛任务重、管护难，群众建坝积极性不高等问题依然突出。水土保持工程重建设、轻管护的矛盾十分尖锐。

现有水土流失治理措施成效不稳、系统性不强。尽管通过多年来采取的防护林建设、坡耕地改造、封禁治理等水土保持措施，黄土高原植被覆盖呈整体改善趋势，生态退化得到一定遏制。但气候干旱、动物啃咬、过度放牧等自然和人为原因，导致水土流失治理成果管护较难，"边治理边损毁"现象时有发生。经济林普遍低效粗放经营，人工植被存活率不高，现有水土保持林种、林分结构单一、质量不高，生态稳定性与服务功能低，局部造林已接近区域水资源承载力上限。部分梯田、淤地坝缺乏维修和管护，坝体病险问题突出。例如，河南省共有 134 座中型以上淤地坝在黄河流域病险淤地坝名录中，按规划任务至 2020 年年底仅能完成 24 座除险加固，治理工作仍任重道远。

总体来看，当前黄河流域水土流失治理的系统性、综合性不足，"头痛医头、脚痛医脚"的现象仍存在，以减缓水土流失和增加耕地面积为主的治理目标，与新时期国家生态文明建设、乡村振兴战略、扶贫攻坚战等目标要求存在较大差距，未能有效践行"绿水青山就是金山银山""山水林田湖生命共同体"等理念，水土流失治理方式亟须进行调整和优化。

4.6.4　下游地区历史遗留问题多，生态破坏问题时有发生

下游滩区既是行洪、滞洪和沉沙区，也是滩区人民生产生活的重要场所，受制于特殊的自然地理条件和安全建设进度，长期以来滩区经济发展落后、人民生活贫困，局部

河道过宽，防洪、生态保护治理与滩区居民生产生活矛盾日益突出，已成为黄河下游治理的"瓶颈"。

黄河下游两岸分布有郑州、开封、济南等 30 余座大中城市，是河南、山东两省经济发展的中心地带。其中，河南省孟津区白鹤河段至山东省垦利区渔洼河段滩区面积 3 154 km²，渔洼以下河口段滩区面积约 997.2 km²。目前，滩区内共有村庄 1 928 个，人口 189.5 万人，滩区耕地面积达 22.7 万 hm²，耕作方式粗放导致污染加剧，以及水土流失，土壤沙化和盐碱化现象严重。下游"地上悬河"长达 800 km，"二级悬河"得不到有效治理，299 km 游荡性河段河势未完全控制，滩面雨水冲沟近 170 条、总长 840 多 km，堤根汛期积水受淹，岸带生态系统稳定性较差，植被破坏严重。

据自然资源部门统计，黄河大堤内永久基本农田面积 193.61 万亩，湿地面积 213 万亩，各类自然保护地面积 181 万亩，其中永久基本农田与湿地重叠面积 50.30 万亩，永久基本农田与自然保护区重叠面积 44.84 万亩，滩区生态保护与农业生产矛盾突出。

4.6.5　河口三角洲自然湿地退化，生物多样性受到威胁

黄河来水来沙减少，影响黄河三角洲生态安全。依据黄河花园口断面的实测数据，年均径流量和输沙量从 20 世纪 50 年代的 486 亿 m³ 和 15.61 亿 t 持续减少到 2010 年以来的 287 亿 m³ 和 0.62 亿 t。黄河三角洲的水沙输入量明显减少，致使整体由淤积向侵蚀方向发展，引起河口新生湿地蚀退、土壤盐碱化加速等一系列问题，对河口三角洲生态系统发育、演替和鸟类栖息地等造成影响。

黄河河口三角洲地区是暖温带保留最完整的河口湿地生态系统之一，是重要的水生动植物和鸟类栖息地、繁殖地和越冬场，生物多样性保护功能极重要。但作为黄河来水来沙的承泄区域，黄河河口三角洲在长期受到河流作用和海洋作用的共同影响下，生态系统相对脆弱。特别是近年来随着上游来水来沙量的减少，海岸蚀退和海水侵蚀问题突出，河口三角洲土壤盐碱化程度提高，生境质量有所下降。

随着人类开发利用活动影响加剧，自然湿地系统萎缩严重。近 30 年（1986—2018 年）来湿地总面积共减少 26 625 km²，其中自然湿地面积从 153 249 km² 下降到 72 316 km²，减少约 52.8%，重要水生生物和鸟类物种数下降明显（图 4-14）。尽管 2002 年以来通过开展调水调沙、生态补水、河口自然保护地建设、重要敏感区生态修复等措施，黄河三角洲自然保护区芦苇沼泽湿地恢复较好，但部分受损区域生态逆向演替趋势尚未实现根本性扭转，自然湿地面积总体上与 20 世纪 90 年代水平仍有较大差距，人工湿地占比显著增加。

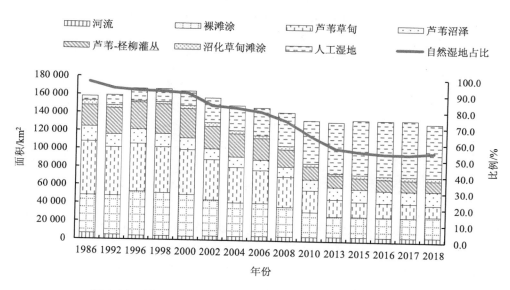

图 4-14　1986—2018 年黄河流域河口三角洲湿地面积统计情况

4.6.6　流域资源环境容量严重超载，局部地区环境污染问题突出

经济结构布局与资源环境承载力矛盾日益突出。黄河流域资源环境容量严重超载，水资源开发利用率高达 80%，远超 40% 的生态警戒线。流域农业种植规模与水资源条件不匹配，农业用水量过大，2018 年农业用水占比达 67.2%。产业结构偏重，能源基地集中，煤炭采选、煤化工、钢铁、有色金属冶炼及压延加工等高耗水、高污染企业多，其中煤化工企业数量占全国总数的 80%。流域生态环境风险较高，企业大多沿河分布，主要污染集中在支流。黄河干流及其主要支流 1 km 范围内有近千个风险源，近年来突发生态环境事件时有发生。下游生态用水保障程度较低，沁河等一些支流普遍存在断流现象。

部分支流水环境污染严重。黄河流域水环境形势不容乐观，2020 年，黄河流域 V 类和劣 V 类水质断面占 15.3%，比全国地表水总体水质状况高出 12.3 个百分点，汾河、渭河、涑水河等支流入河污染物负荷超载严重，主要河段以约 37% 的纳污能力承载了流域约 91% 的入河污染负荷；在资源开发、工业集聚和城市排污集中的黄河宁蒙河段、中游北干流和潼三河段，长期属于流域水污染负荷大、水环境风险高的典型区域。2021 年水体水质总体差于全国和长江流域，主要污染物浓度高于全国和长江流域（图 4-15）；中游的汾河、三川河、黄甫川等主要支流缺少生态基流，且污染物排放强度高；劣 V 类断面主要分布在涑水河、苦水河等，主要污染因子为氨氮、化学需氧量和总磷等。

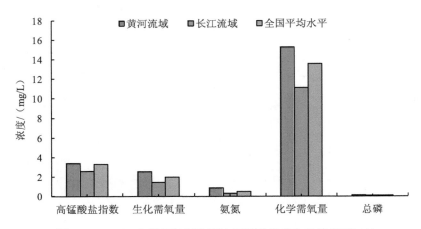

图 4-15　2021 年黄河流域主要水污染物浓度与其他区域对比

汾渭平原大气污染治理任重道远。黄河流域空气质量与全国平均水平有明显差距，其中汾渭平原城市环境质量改善不明显（图 4-16）。2020 年，汾渭平原 11 个城市 $PM_{2.5}$ 浓度为 48 μg/m³，比全国 337 个地级及以上城市平均值（33 μg/m³）高出 45.5%；空气质量优良天数比例为 70.6%，比全国平均值（87.0%）低 16.4 个百分点。2021 年，黄河流域 $PM_{2.5}$ 和 PM_{10} 浓度分别比全国平均值高 6.67% 和 11.11%，空气质量优良天数比例比全国平均值低 5.10 个百分点。2021 年，汾渭平原 6 项污染物浓度均高于全国平均水平（图 4-17）；优良天数比例为 70.2%，明显低于全国 81.9% 的平均水平；重度及以上污染天数比例为 3.0%，高于全国 0.9% 的平均水平。根据生态环境部公布的数据，2021 年全国 168 个重点城市空气质量排名后 20 城市中有 17 个位于黄河流域，其中 5 个位于汾渭平原。汾渭平原大气污染的根本原因在于倚煤倚重的传统行业集聚，污染物产生量大。在产业结构方面，汾渭平原过度倚重重化工业，本地区火电、钢铁、焦化等行业企业数量多、产量大，产业上下游配套的中小型企业集中，装备水平低，污染治理水平差。解决好重点行业转型，推动黄河流域内部的产业结构和能源结构调整，促进汾河平原减污降碳，是实现黄河流域环境治理改善、推动流域低碳清洁化发展的关键。

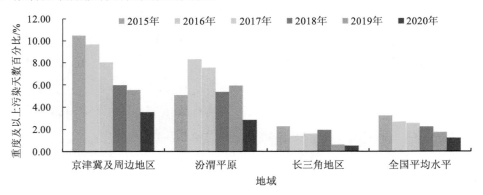

图 4-16　2015—2020 年汾渭平原等重点地区重度及以上污染天数百分比

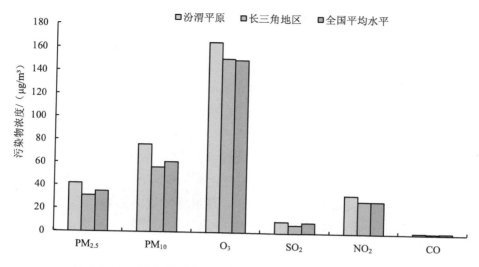

图 4-17 2021 年汾渭平原主要大气污染物浓度与其他区域对比

局部地区土壤污染问题突出。甘肃省白银市白银区、甘南藏族自治州夏河县及合作市，青海省西宁市湟中区，陕西省宝鸡市凤翔区、渭南市潼关县、商洛市洛南县及商州区，河南省三门峡市灵宝市、济源市，以及洛阳市栾川县、汝阳县、嵩县、宜阳县等有色金属采选冶炼集中区、部分工业园区及重污染企业周边土壤污染严重，部分产出农产品存在重金属超标现象。

流域典型地区盐渍化问题突出。根据土地调查数据，河套灌区土地总面积 119 万 hm²，其中耕地面积 70 万 hm²，在黄河流域各灌区中排名第 1。据相关报道，内蒙古河套灌区土壤盐渍化耕地面积为 32.3 万 hm²，占耕地总面积的 46.1%，该区域盐碱地面积大、分布广、程度重，是我国盐渍化发生的典型代表区。

农业面源污染问题依然突出。对比黄河流域两次污染源普查数据，虽然农业源污染排放总量显著减少，农业源的化学需氧量、氨氮、总氮、总磷污染排放总量分别为 96.2 万 t、1.2 万 t、7.9 万 t 和 1.1 万 t，分别减少 19.2%、48.3%、70% 和 53.7%，但农业活动产生的化学需氧量、氨氮污染量占流域总污染量的比例显著增加，分别增加 56% 和 83%，其中，河套平原农业面源污染最重，黄河下游和汾渭平原次之。不合理利用化肥和畜禽粪污处理不当形成面源污染，导致黄河流域水体富营养化，黄河流域农药施用量占全国农药施用量的 14% 以上，农膜使用量占全国的 23% 以上，农田的"白色污染"问题突出。

资源环境利用效率偏低，导致地下水污染问题突出。黄河流域农业面源污染面广、量大、程度深，是地表河湖水环境污染的主要原因，也是地下水污染的重要原因。2020 年，黄河流域 9 省（区）的农业人口占比为 42.54%，第一产业占比为 10.7%，高于全国 7.7% 的平均水平。黄河上、中、下游地区农业资源环境效率由高到低分布是下游＞上游＞中游，农业资源环境效率总体偏低。长期的引黄灌溉和施肥导致以硝酸盐为主要污染物的农业面源污染，化肥的过量施用及低效率利用造成地下水中 NO_3 含量增加。黄河下游地区地下水 NO_3 平均含量高达 45.3 mg/L，黄河三角洲地区地下水中 NO_3 平均含量甚至高达 101 mg/L。2010—2019 年，黄河流域地下农田退水量达 10.16 亿～11.62 亿 m^3，占退水总量的 15.95%～17.24%。一方面，地下农田退水可通过水力联系汇入退水沟渠，污染地表水体，造成污染空间范围进一步扩大；另一方面，地下农田退水携带的污染物将加重浅层地下水污染，进而影响深层地下水水质。

矿产资源分布与生态脆弱区高度重合，资源开发导致区域环境风险集中。黄河流域又被称为"能源流域"，煤炭、石油、天然气和有色金属资源丰富，是中国重要的能源、化工、原材料和基础工业基地。黄河流域大部分地市表现出较脆弱、较高脆弱及高度脆弱的生态本底特征，全流域 46 个矿区城市当中，仅有 3 个矿区城市的生态环境本底不脆弱，其余矿区城市均处于不同程度的生态环境脆弱区。流域生态环境高胁迫区域主要集中在黄河流域中游从银川—包头—呼和浩特—晋陕这一煤炭资源开采和加工的"黑金三角"地区，以及黄河中、下游部分煤炭或建材产区。集中的矿产资源空间配置使上、中游地区煤化工行业集中分布，呈现污染集中、风险集中的特点，导致区域性生态与环境问题频繁发生。此外，资源分布与生产力布局存在错位现象，上、中游地区能源开发与生态环境保护矛盾突出。

部分区域矿产资源开发生态破坏现象仍有发生。近 20 年来青海省的矿产资源开发和内蒙古自治区、陕西省、山西省等省（区）的煤炭资源开采增加趋势明显，尤其是露天开采，破坏地表植被覆盖，给区域生态系统造成严重的生态影响。基于高分辨率卫星遥感影像，对黄河流域典型疑似生态破坏问题遥感监测的结果表明，在 145 个疑似问题清单中，矿产资源开发类型的有 76 个，占比达 52.4%。总体上看，山西省、陕西省、内蒙古自治区等省（区）矿产资源开发对生态环境本底的胁迫程度较高。这些矿区矿产资源的无序开发很容易造成地区生态平衡的破坏，对生态系统服务功能造成较为严重的影响。

4.6.7 能源结构以煤为主，能源转型压力大

以煤为主能源结构未改变，能源"金三角"碳排放较高。黄河流域是全国石油、煤炭等能源资源的主要供应基地。近年来，黄河流域整体能源生产总量持续上升，能源生产总量排在前 3 位的省（区）是山西省、内蒙古自治区和陕西省，能源生产总量占黄河流域9 省（区）生产总量的 75% 以上，2021 年山西省原煤生产比例最高为 95.69%（图 4-18）。黄河流域 9 省（区）以煤炭为主的能源消费结构仍未改变，宁夏回族自治区、陕西省、内蒙古自治区、河南省、山东省和甘肃省 6 个省（区）的煤炭消费占比均超过 50%，占比最高的宁夏回族自治区、陕西省和内蒙古自治区 3 个省（区）煤炭消费占比达到 70% 及以上；山西省、内蒙古自治区、陕西省的化石能源消耗占比均达到 90% 及以上（图 4-19）。以宁夏宁东、内蒙古鄂尔多斯、陕西榆林为核心的黄河流域能源化工"金三角"地区，位于黄河流域"几字弯"上部，该区域以不到 1.4% 的土地面积，聚集了全国约 47.2% 的已探明化

石能源储量，布局了全国超过 1/3 的现代煤化工项目，是目前我国最大的煤炭调出、电力外送、煤炭深加工转换区。碳达峰、碳中和是硬约束和硬指标，对于传统化石能源富集的能源"金三角"而言，该区域形成了全国规模最大的煤化工产业集群，能源产业由高碳向低碳转型亟须加快。推动能源化工"金三角"地区能源的绿色低碳化发展对黄河流域生态保护和高质量发展战略至关重要。

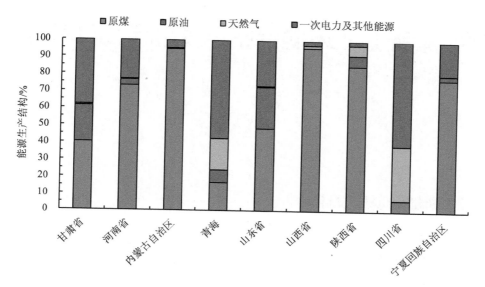

图 4-18　2021 年黄河流域能源生产结构

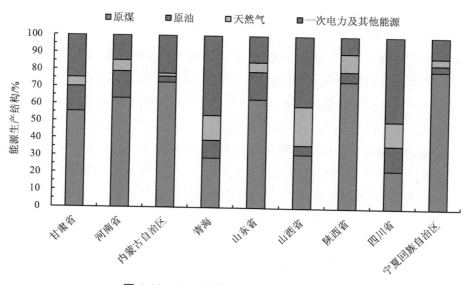

图 4-19　2021 年黄河流域能源消费结构

—— 第5章 ——

黄河流域生态环境保护政策机制现状及问题

5.1 不断加强顶层设计

5.1.1 制定黄河保护法

《中华人民共和国黄河保护法》是我国第二部流域法律，这是继第一部流域法律——《中华人民共和国长江保护法》实施后，我国流域生态文明建设的又一标志性立法成果。《中华人民共和国黄河保护法》填补了黄河流域生态保护法律漏洞，疏通了黄河流域生态保护依法管理体系，强化了破坏黄河流域生态的法律责任，构建了黄河流域生态保护的法治框架。另外，沿黄9省（区）出台实施了一系列地方法律法规。《内蒙古自治区境内黄河流域水污染防治条例》《陕西省渭河流域生态环境保护办法》《汾河水污染防治条例》等法律法规从饮用水水源等特殊水体保护、污染防治、应急处置、执法监督、法律责任等方面对黄河流域生态环境保护作出了详细规定，有力地推动了流域生态环境保护工作。

黄河流域水资源相关的法律体系，包括《第一届全国人民代表大会第二次会议关于根治黄河水害和开发黄河水利的综合规划决议》《开发建设晋陕蒙接壤地区水土保持规定》《黄河下游引黄灌溉的管理规定》《淮河流域水污染防治的暂行条例》《黄河水量调度条例》《山东省黄河河道管理条例》《河南省黄河工程管理条例》《黄河用水统计暂行规定》《黄河流域河道管理范围内建设项目管理实施办法》《黄河取水许可实施细则》等，对黄河流域生态环境保护及相关领域作出了一般性规定。

5.1.2 推动规（计）划落实

《黄河近期重点治理开发规划》由国务院于2002年7月14日批复同意，提出了防洪、水资源利用、水土保持和生态建设等方面的安排。为全面做好黄河流域水污染防治工作，自"十一五"起编制实施了《黄河中上游流域水污染防治规划（2006—2010 年）》《重点流域水污染防治规划（2011—2015 年）》《重点流域水污染防治规划（2016—2020 年）》三期五年规划。《黄河流域综合规划（2012—2030 年）》在 2013 年 3 月获国务院正式批复，该规划是黄河流域开发、利用、节约、保护水资源和防治水害的重要依据。《黄河流域水资源保护规划》是继 20 世纪 80 年代中期黄河流域水资源保护规划后，再次开展的流域水资源保护规划工作，目的是适应 21 世纪黄河流域社会经济可持续发展的要求。为实现黄河河道采砂依法、科学、有序进行，水利部于 2010 年 1 月正式启动了《全国江河重要河道采砂管理规划》编制工作，《黄河流域重要河道采砂管理规划》是《全国江河重要河道采砂管理规划》的重要组成部分。

编制并实施《打赢蓝天保卫战三年行动计划》，以京津冀及周边地区（山西省太原市、长治市、晋城市，山东省济南市、滨州市，河南省郑州市、开封市、安阳市、新乡市、焦作市、濮阳市）、汾渭平原（山西省晋中市、运城市、临汾市、吕梁市，陕西省西安市、铜川市、宝鸡市、咸阳市、渭南市、杨凌示范区，河南省洛阳市、三门峡市）为重点，强化区域联防联控，从调整优化产业结构、能源结构、运输结构和用地结构等方面提出一系列措施，确保空气质量改善。2017—2020 年，生态环境部相继印发了《京津冀及周边地区 2017—2018 年秋冬季大气污染综合治理攻坚行动方案》《京津冀及周边地区 2018—2019 年秋冬季大气污染综合治理攻坚行动方案》《京津冀及周边地区 2019—2020 年秋冬季大气污染综合治理攻坚行动方案》《汾渭平原 2018—2019 年秋冬季大气污染综合治理攻坚行动方案》《汾渭平原 2019—2020 年秋冬季大气污染综合治理攻坚行动方案》《京津冀及周边地区、汾渭平原 2020—2021 年秋冬季大气污染综合治理攻坚行动方案》，把具体任务逐一落实到各城市，明确工程措施和完成时限，实施清单制、台账式管理。

不断推进黄河流域水污染防治工作精细化管理。自"十一五"起，不断探索建立并完善"流域—水生态控制区—水环境控制单元"三级分区管理体系，将黄河流域由"十二五"的 47 个控制单元（含 16 个优先控制单元）进一步划分为 150 个控制单元（含 50 个优先控制单元），指导沿黄 9 省（区）在控制单元基础上进一步细化实化工程措施和管理要求。针对黄河流域汾河、渭河和乌梁素海生态环境问题，山西省打响"消除汾河入黄河断面劣Ⅴ类水质、还汾河清水入黄河"攻坚战，印发《汾河流域水污染排查整治行动方案》；陕西省实施《渭河流域水污染防治三年行动方案（2012—2014 年）》《渭河流域水污染防治巩固提高三年行动方案（2015—2017 年）》，着力提高渭河流域水环境质量；内蒙古自治区建立了"一湖两海"生态环境综合整治工作联席会议、定期现场督导等工作机制，每季度组织相关盟市和厅局召开联席会议，每月对乌梁素海生态环境综合整治工作进展情况进行督导。开展地方土壤污染防治立法实践，《山西省土壤污染防治条例》《山东省土壤污染防治条例》《河南省土壤污染防治条例》印发实施。积极推动土壤污染防治，实施受污染农用地安全利用和污染场地风险管控与修复；河南省出台了《河南省重金属污染防治工作指导意见》，青海省制定《固体废物污染防治规划（2018—2022 年）》，积极推进土壤污染防治。

5.2   逐步加强生态环境监测监管体系

5.2.1   开展生态环境监测工作

各级生态环境部门贯彻落实《生态环境监测网络建设方案》（国办发〔2015〕56 号）要求，不断完善黄河流域生态环境监测网络建设。2019 年，生态环境部启动了《黄河流域水生态环境监测体系建设方案》编制工作，构建全流域生态质量监测"一张网"。一是在地表水监测方面，设置国控断面 282 个，基本实现黄河干流、主要支流、重要水功能区和跨省（市）界全覆盖，建成国控水质自动监测站 122 个，划转水利部门水质自动监测站 16 个，监测预警能力明显提升。二是在环境空气质量监测方面，设置国控城市点位 552 个，背景点位 5 个，区域点位 25 个，在汾渭平原 4 个城市（运城市、临汾市、西安市、洛阳市）监测点位开展了颗粒物组分自动监测。三是在土壤监测方面，设置土壤环境质量监测点位 6 880 个，覆盖主要县域、土壤类型和粮食主产区。四是在生态质量监测方面，设置地面生态监测站 4 个，覆盖三江源地区和甘肃省、四川省及内蒙古自治区部分草原生态系统。五是在海洋监测方面，在黄河口开展水质、沉积物、海洋生物多样性、生态系统健康状况监测。同时，利用卫星遥感技术开展重点城市黑臭水体、断流、沙尘、生态质量，湖库蓝藻水华、滨海湿地岸线变迁等方面监测。

5.2.2   不断加严地方标准

沿黄 9 省（区）地方政府根据本地区污染状况的轻重及污染源分布等特征，逐步建立严于国家标准同时兼顾地区实际情况的标准体系。河南省 2009 年先后实施了《造纸工业水污染物排放标准》《合成氨工业水污染物排放标准》，强化氨氮浓度控制力度，降低造纸废水排放。山东省发布《流域水污染物综合排放标准》，按照流域特点和环境管理需求重新设置环境控制要求，将总氮、全盐量纳入控制因子。陕西省从实际环境管理需求出发，将水质改善的目标要求与污染控制措施的技术、经济、社会可行性分析有效结合，制定了《黄河流域（陕西段）污水综合排放标准》，将 COD 等主要水污染物工业排放标准与城镇污水处理厂一级 A 标准相统一，改善黄河上游生态缺水，减少入水污染负荷，充分发挥地方标准引领和约束作用。山东省印发了《山东省化工产业安全生产转型升级专项行动总体工作方案》（鲁厅字〔2017〕43 号），突出控制增量、优化存量、进区入园、全领域监管，开展化工产业转型升级专项行动，促进转型升级、提质增效。甘肃省生态环境厅发布《关于在矿产资源开发利用集中区域等特定区域执行污染物特别排放限值的通告》，要求甘肃省矿产资源开发利用集中区域、安全利用和严格管控类耕地集中区域、重金属污染防控重点区域，须执行颗粒物和重点重金属（铅、汞、镉、铬、砷、铊、锑）污染物特别排放限值。

5.2.3　推进生态环境风险应急管理

近年来，黄河流域各省（区）在生态环境风险评估和源头防控、企业和政府突发生态环境事件风险应急预案编制、各级环境应急管理机构建设以及物资装备储备等方面取得了一定进展。一是生态环境风险评估和源头防控持续推进。青海省、甘肃省、河南省、山东省等省份相继开展环境安全隐患排查治理专项行动；甘肃省、河南省等省份开展流域环境风险调查评估，针对干流及主要支流编制环境风险防控方案和"一河一图一策"。二是应急预案管理不断加强。省级、市级政府突发环境事件应急预案覆盖率达 100%，县级预案覆盖率超过 95%，各地区通过实战演练、桌面推演等多种形式开展环境应急演练，预案编制、备案、评估、演练的规范性日益提高。三是应急联动机制建设持续深化。甘肃省、陕西省、四川省、青海省和宁夏回族自治区 5 省（区）生态环境部门签订《黄河长江中上游五省（区）环保厅应对流域突发环境事件联动协议》，内蒙古自治区、宁夏回族自治区、甘肃省 3 省（区）建立黄河甘宁蒙跨界突发环境污染应急联动合作机制，甘肃省、河南省、山东省等省份不断深化生态环境、应急管理、交通运输、公安等跨部门应急联动工作机制建设。四是应急能力稳步提高。除青海省以外的沿黄 8 个省（区）均成立了省级专职环境应急管理机构，约 50% 的地级市成立了专职机构；配备应急物资和装备不断加强，沿黄 9 省（区）现已汇总统计环境应急物资储备库 1 700 余个，汇总各类环境应急物资信息 25 000 余条。

5.2.4　重点围绕水污染防治工作开展考核与问责

生态环境部会同国家发展和改革委员会、财政部、水利部编制了《重点流域水污染防治专项规划实施情况考核暂行办法》，并于 2009 年由国务院办公厅印发（国办发〔2009〕38 号），同时会同国家发展和改革委员会、监察部、水利部等部门，逐年对有关省份《黄河中上游流域水污染防治规划（2006—2010 年）》《重点流域水污染防治规划（2011—2015 年）》实施情况进行了考核，考核结果经国务院同意后交由干部主管部门，作为对沿黄 9 省（区）人民政府领导班子和领导干部综合考核评价的重要依据。2015 年 4 月，国务院印发《水污染防治行动计划》，环境保护部联合国家发展和改革委员会、科学技术部、工业和信息化部等 10 部委印发了《水污染防治行动计划实施情况考核规定（试行）》，自 2017 年起，从水质目标完成情况和重点任务完成情况两方面对沿黄 9 省（区）《水污染防治行动计划》落实情况进行了考核，考核结果作为对各省（区）领导班子和领导干部综合考核评价和水污染防治相关资金分配的参考依据。沿黄 9 省（区）出台相应规定，进一步传导压力，夯实责任，甘肃省印发了《甘肃省生态文明建设目标评价考核办法》，实行一票否决；山西省出台了《山西省水污染防治量化问责办法（试行）》《山西省环境空气质量改善量化问责办法（试行）》，进一步压实市县党委、政府改善辖区环境质量的主体职责，进一步强化了考核问责机制。

5.2.5　开展中央生态环境保护督察

2016—2017 年，国家对沿黄 9 省（区）开展了第一轮中央生态环境保护督察；2018 年对山西省、河南省等 7 省（区）开展中央生态环境保护督察"回头看"；2019 年对青海省和甘肃省开展了第二轮督察。宁夏回族自治区、内蒙古自治区、陕西省和河南省等省（区）相继成立由省（区）政府主要领导负责的中央生态环境保护督察"回头看"整改工作领导小组，针对意见逐条逐项梳理分解，制定贯彻落实中央生态环境保护督察反馈意见整改方案，明确整改目标、整改措施、责任领导、责任单位和完成时限，建立整改台账，挂账督办、跟踪问效，整改一个、销号一个。成立省（区）级环境保护督察巡查工作领导小组，深挖细查完成省内各市（区）的环保督察工作，实现省（区）级环保督察"全覆盖"，通过督察督办有效促进了党中央、国务院决策部署在地方落地见效。

5.2.6　开展生态环境保护专项行动

黄河流域各省（区）开展了多项生态环境保护专项行动，生态环境质量得到了显著改善。一是铁腕推进蓝天保卫战。2017 年 4 月以来，对京津冀及周边"2+26"城市、汾渭平原 11 个城市开展强化监督帮扶，共发现并交办地方 7.3 万余起涉气环境问题，其中山西省 1.33 万起、山东省 1.04 万起、河南省 1.45 万起、陕西省 0.35 万起。山西省、陕西省联合建立汾渭平原大气污染防治协作机制，修订重污染天气应急预案，加强预警应急，及时启动应急措施。二是深入推进碧水保卫战。2018 年，陕西省共开展 880 个乡镇饮用水水源地保护区划定，全面完成 22 个市级水源地 388 个问题的整治任务。整治 25 个黑臭水体，完成率为 96.2%。宁夏回族自治区全面整治地级城市 13 条黑臭水体，全面取缔入黄入河直排口，关停黄河河道 30 家采砂洗砂厂，全区县级以上饮用水水源地规范化建设比例达到 94.87%。三是扎实推进青山保卫战。生态环境部等 7 部门联合部署"绿盾 2018"自然保护区监督检查专项行动，其中，内蒙古自治区、陕西省、山西省、山东省、河南省、四川省等省（区）共排查问题 1 650 个，已完成整改 1 121 个，整改完成率为 68%。四是全面推进净土保卫战。宁夏回族自治区制定《宁夏污染地块环境管理暂行办法》，严格管控污染地块环境风险。青海省 2018 年度完成沿湟流域堆存的 57.84 万 t 历史遗留铬渣无害化处置，重点实施原海北化工厂等 6 处铬污染场地治理并取得显著成效。陕西省强化土壤污染风险管控和治理修复，建立建设用地准入管理制度，制定全省疑似污染地块目录。制定涉重金属行业污染防控工作方案，确定涉镉重点排查企业清单。

5.3　逐步完善生态环境保护制度体系

5.3.1　不断强化环评源头预防措施

内蒙古自治区深入开展重点行业清洁化改造，从源头减少废水及污染物排放。大力推进工业企业节水设施配套建设，不断提高企业及园区污水处理厂中水回用率。实施工业污染源全面达标排放计划，每季度向社会公布"黄牌""红牌"企业名单。2018 年，宁夏回族自治区化解水泥、铁合金、造纸、兰炭等 9 个重点工业行业过剩产能和落后产能 318.4 万 t，新能源发电总装机占全区电力装机比重接近 40%；开展重污染企业退城搬迁行动，推动传统产业改造提升，累计对 150 家重点企业开展强制性清洁生产，积极培育发展新兴产业、环保产业，努力从源头为生态环境减负。山东省委、省政府出台《山东省加强污染源头防治　推进"四减四增"三年行动方案（2018—2020 年）》，出台 8 个标志性重大战役作战方案，将黄河流域作为重点区域，明确了具体措施、责任单位和完成时限，全力确保黄河流域生态环境质量。陕西省出台《关于环境倒逼产业结构调整优化经济增长的指导意见》，把保护优先和绿色发展等要求贯彻到各类开发建设中的空间布局和产业发展上。充分发挥规划环评参与综合决策的指导作用，建立规划环评与项目环评的联动机制，从源头上减轻布局性和结构性环境风险。

5.3.2　积极推进排污许可证制度

截至 2020 年年底，我国实现了固定污染源排污许可制全覆盖，排污许可制度改革取得显著成效。排污许可制已成为固定污染源管理的核心制度，为提高环境管理效能和改善环境质量奠定坚实基础。山西省、内蒙古自治区、陕西省、河南省等省（区）排污权有偿使用和交易制度试点工作基本完成，青海省、四川省、甘肃省、宁夏回族自治区、山东省等省（区）积极主动自行探索排污权有偿使用和交易制度。青海省按照生态环境部统一部署，将 2017—2019 年已完成排污许可证核发任务的火电、造纸等 33 个行业，全部纳入固定污染源清理整顿；截至 2020 年 4 月 20 日，全省所有排污单位都依法取得排污许可证或填报排污登记表。甘肃省生态环境厅印发《甘肃省生态环境厅关于加强排污许可证后管理工作的通知》（甘环环评发〔2019〕8 号），要求各市（州）生态环境主管部门建立排污许可证后管理工作机制，明确责任主体。2020 年，宁夏回族自治区在疫情防控期间，推行"不见面"审核发证工作模式，截至 2020 年年底，已完成全区固定污染源的排污许可全覆盖。陕西省生态环境厅为实现对污染物排放的"一证式"管理，推动排污许可制有效落实，出台《关于推进排污许可证后执法工作的通知》（陕环函〔2019〕291 号），要求各市、县（区）生态环境执法部门要制订排污许可证后管理执法计划。山西省各级生态环境部门和行政审批服务管理部门克服疫情防控和行政审批机构改革的影响，2020 年年底前完成全省所有固定污染源的排污许可证全覆盖。

5.3.3 探索建立生态补偿机制

青海省三江源区的生态补偿成为我国生态补偿机制建设典型案例。2010 年，青海省人民政府印发《关于探索建立三江源生态补偿机制的若干意见》，明确建立生态补偿机制的指导思想和基本原则、科学确定生态补偿的范围及重点、多渠道筹措生态补偿资金。青海省人民政府办公室印发了《三江源生态补偿机制试行办法》，标志着三江源生态补偿机制的正式建立。2012 年，青海省财政厅积极配合省级相关部门出台实施了生态环境监测评估、草原生态管护机制两项补偿政策，下达资金 1.4 亿元，主要对各地开展植被覆盖率、河流水质、空气质量等指标的监测与评估工作给予必要的设备购置经费，同时从农牧民群众中招募近万名生态管护员进行草场日常管护。这两项补偿机制的建立和实施，使青海省重点生态功能区环境监测和草原日常管护工作步入常态化、规范化管理。

山东省首次实施空气质量生态补偿机制，推行市场化生态补偿机制。2014 年，山东省政府办公厅发布了《关于印发山东省环境空气质量生态补偿暂行办法的通知》，环境空气质量生态补偿机制为全国首例。2016 年，山东省十二届人大常委会第二十二次会议通过《山东省大气污染防治条例》，大气环境生态补偿制度，由此以地方法规的形式被确定下来。

河南省在全国率先实施月度生态补偿。2016 年，河南省人民政府发布《河南省城市环境空气质量生态补偿暂行办法》和《河南省水环境质量生态补偿暂行办法》，以经济奖惩推进环境污染防治工作。按月度实施生态补偿在全国尚属首创。四川省、内蒙古自治区、山西省、陕西省、甘肃省、宁夏回族自治区等先后出台健全生态补偿机制实施意见。

陕西省和甘肃省沿渭 6 市 1 区签订了《渭河流域环境保护城市联盟框架协议》，印发《延河流域水污染防治暂行办法》，山西省实施《山西省地表水跨界断面生态补偿考核方案》，每月对跨界断面水质不达标的市（县）扣缴生态补偿金，对水质改善明显的市（县）进行奖励。

5.3.4 扎实推进"三线一单"编制工作

2018 年，生态环境部印发《"三线一单"编制技术要求（试行）》《"三线一单"数据共享系统建设工作方案》《"三线一单"成果数据规范（试行）》等技术规程，在全国范围内开展以"三线一单"为主体的区域空间生态环境评价工作，以区域空间生态环境基础状况与结构功能属性系统评价为基础，形成以"三线一单"为主体的生态环境分区管控体系。2020 年，黄河流域 9 省（区）已全部完成"三线一单"生态环境分区管控方案和生态环境准入清单的制定和发布工作，初步建立了"三线一单"生态环境分区管控体系，在指引区域资源开发、产业布局、结构调整、城乡建设、重大项目选址决策等方面发挥了积极的作用。在立法实践方面，黄河 9 省（区）中，有山东省、四川省、甘肃省、陕西省、山西省、宁夏回族自治区等省（区）将"三线一单"列入了地方法规。

5.3.5　推进生态环境损害赔偿制度改革

山东省作为全国 7 个试点省份之一，全面推进生态环境损害赔偿制度，河南省、四川省、青海省、甘肃省、山西省等省份相继启动生态环境损害赔偿制度改革。山东省利用 2016—2017 年的两年时间组织开展了生态环境损害赔偿制度改革试点工作，印发了《山东省生态环境损害赔偿制度改革试点工作实施方案》，并将济南市章丘区"10·21"重大非法倾倒危险废物事件作为山东省首例生态环境损害赔偿制度改革试点的典型案例，开展生态环境损害赔偿与修复。2018 年，山东省委办公厅、省政府办公厅印发了《山东省生态环境损害赔偿制度改革实施方案》。

5.4　不断加大生态环境保护修复投资力度

2016—2018 年，水污染防治专项资金共支持黄河流域青海省、四川省、甘肃省、宁夏回族自治区、内蒙古自治区、陕西省、山西省、河南省以及山东省 9 省（区）共计 123.75 亿元，推动《水污染防治行动计划》任务落实实施及水环境质量改善。其中，121 亿元用于支持重点流域水污染防治、良好水体生态环境保护、集中式饮用水水源地环境保护以及地下水环境保护及污染修复等水污染防治工作，2.75 亿元用于生态保护和治理修复。根据《2018 年度水污染防治中央项目储备库项目清单》（环办规财函〔2018〕757 号），2018 年黄河流域 9 省（区）均有项目纳入水污染防治项目储备库，共涉及水污染防治项目 1 048 个，规划总投资约 1 280 亿元，涉及水体类型包括重点流域、良好水体、地下水、饮用水等，主要项目类型包括点源污染源治理、面源污染治理、河流及湖泊生态环境修复、环境监管能力建设等。

2016—2020 年，中央土壤污染防治专项资金共支持黄河流域 9 省（区）66.09 亿元，用于土壤污染状况详查、土壤污染调查评估、风险管控与修复、能力提升等，推动《土壤污染防治行动计划》任务落实及土壤环境风险防控。此外，中央农村环境整治专项资金共支持黄河流域 9 省（区）81.35 亿元，用于支持农村生活污水垃圾治理、规模以下畜禽养殖污染防治、饮用水水源地保护等农村环境整治工作，推动《全国农村环境综合整治"十三五"规划》任务落实及农村生态环境改善。

财政部、生态环境部、自然资源部重点生态保护修复治理专项资金，支持黄河流域 9 省（区）开展山水林田湖草生态环境保护修复工作。2020 年，中央财政环保专项资金为沿黄 9 省（区）安排 234.3 亿元，重点支持大气、水、土壤等污染防治和农村环境整治；安排 10 亿元生态补偿资金，引导黄河流域建立全流域生态补偿机制。2022 年以来，国家发展和改革委员会已经先后下达两批"重大区域发展战略建设（黄河流域生态保护和高质量发展方向）"中央预算内投资，分别是 6 月的第一批 30.660 4 亿元、9 月的第二批 25 亿元，支持沿黄河 9 省（区）扎实推进生态环境突出问题整改。2023 年 1 月，财政部发布《黄河流域生态保护和高质量发展奖补资金管理办法》，其中明确，奖补资金是中央财政专门设立用于支持黄河流域生态保护和高质量发展的补助资金，补助政策实施期限至 2025 年。

自 2021 年中共中央、国务院印发《黄河流域生态保护和高质量发展规划纲要》以来，国家开发银行聚焦黄河流域综合治理、水资源保护利用、自然灾害防控、污染治理等重点领域、薄弱环节，持续融资支持黄河流域重大生态保护修复工程建设，国家开发银行已累计发放黄河流域生态保护领域中长期贷款超 400 亿元，助力绘就黄河流域生态保护新画卷。据报道，2022 年全年，国家开发银行共发放贷款近 1 500 亿元，用于黄河流域综合治理、水安全等生态保护重点领域建设，以及支持现代产业体系、保护传承弘扬黄河文化、民生补短板等。

5.5   探索建立生态产品价值实现机制

5.5.1   黄河流域生态产品价值实现相关政策

黄河流域作为我国重大战略区域之一，生态环境与社会经济发展地位十分重要。为推动黄河流域生态产品价值实现，生态环境部、自然资源部以及沿黄各省（区）就黄河流域生态产品价值实现路径与机制开展了一系列的探索，并形成了一批法律法规与实践成果。

2020 年 5 月，财政部、生态环境部、水利部和国家林草局联合发布《支持引导黄河全流域建立横向生态补偿机制试点实施方案》，于 2020—2022 年在沿黄 9 省（区）开展试点，探索建立黄河全流域横向生态补偿标准核算体系，完善目标考核体系，改进补偿资金分配办法，规范补偿资金使用，并鼓励各地在此基础上积极探索开展综合生态价值核算计量等多元化生态补偿机制创新。2021 年 10 月 8 日，中共中央、国务院印发了《黄河流域生态保护和高质量发展规划纲要》（以下简称《纲要》），并在《纲要》中明确提出，健全生态产品价值实现机制，建立纵向与横向、补偿与赔偿、政府与市场有机结合的黄河流域生态产品价值实现机制。

为推动黄河流域生态产品价值的实现，国家与沿黄各省（区）积极开展了多项生态产品价值实现的探索与实践。2021 年国家发展和改革委员会在《关于建立健全生态产品价值实现机制的意见》中提出开展生态产品价值实现机制试点后，截至 2023 年年底，全国共批复 10 个自然资源领域生态产品价值实现机制国家级试点，其中山东省东营市于 2021 年 6 月获自然资源部批复为自然资源领域生态产品价值实现机制试点，成为黄河流域首个获批自然资源领域生态产品价值实现机制试点的城市。除国家试点外，沿黄各省（区）也积极开展了生态产品价值实现机制的探索，山东省威海市华夏城矿坑生态修复及价值实现、河南省淅川县生态产业发展助推生态产品价值实现、宁夏回族自治区银川市贺兰县"稻渔空间"第一、第二、第三产业融合促进生态产品价值等实践探索都取得了较好的成效，并分别入选自然资源部生态产品价值实现典型案例第一批、第二批与第三批。2024 年 5 月，国家发展和改革委员会印发了首批国家生态产品价值实现机制试点名单，北京市延庆区、河北省承德市、黑龙江省大兴安岭地区、浙江省湖州市、安徽省黄山市、福建省南平市、山东省烟台市、湖南省怀化市、广西壮族自治区桂林市、陕西省商洛市，浙江省丽水市、江西省抚州市继续开展试点工作。

5.5.2　黄河流域生态产品价值实现的主要模式

我国生态产品价值实现相关研究起步相对较晚，经过长期的探索研究，以及对国外先进经验的借鉴与学习，最终形成了自己的一套生态产品价值实现模式。

一是依托丰富生态资源和优质环境，推动物质供给类生态产品价值实现。重点面向物质供给类生态产品，通过持续提升环境质量，发展绿色有机农产品，将生态产品的价值附加于农产品、工业品、服务产品中，并将其转化为可以直接市场交易的商品。例如，西藏自治区山南市隆子县依托高原优良的生态特色资源。

二是发展生态旅游和特色文化产业，深化文化服务类生态产品价值实现。主要生态产品包括生态旅游、自然景观、美学享受、精神体验等可以附着于相关生态产业，转化为产权明晰、可直接交易的商品。文化服务类生态产品价值实现具体手段包括红色旅游、传统文化和生态结合的旅游、纯自然风光与扶贫结合的旅游、生态康养等。

三是探索资源权益出让和生态补偿，促进调节服务类生态产品价值实现。主要生态产品为调节服务类生态产品，包括水源涵养、水土保持、防风固沙、生物多样性保护、洪水调蓄等。生态产品价值实现的具体手段包括生态补偿等政府购买、以空间规划和用途管制促确权、绿色金融等市场化为主的方式。通过产权赋能、赋利，使其成为可抵押、可融资的生态资产，将生态产品的非市场价值转化成市场价值，如碳排放权、排污权、碳汇交易、水权交易等产品，如甘肃省石羊河流域的水权交易。国家通过财政转移支付等方式，建立健全森林、草原、湿地、水流等领域和重点生态功能区等区域生态补偿等。

5.5.3　三江源地区生态产品价值实现主要做法

三江源地区逐步形成了以生态治理及价值提升、生态补偿为主，生态产业化经营为辅的生态产品价值实现模式。

（1）生态保护修复

持续实施重大生态保护修复工程。国家先后启动实施了三江源生态保护和建设一期（2005—2012 年）、二期（2013—2020 年）工程，累计投资约 236.5 亿元，持续开展退牧还草、禁牧封育、草畜平衡管理、黑土滩治理以及草原有害生物防控等一系列生态保护治理措施，维护和提升三江源地区生态产品供给能力，取得了显著成效。

已有研究表明，三江源生态保护和建设一期工程实施后，区域生态状况整体趋好，草地退化趋势得到初步遏制，水体与湿地生态系统整体有所恢复，生态系统水源涵养和流域水资源供给能力提高。工程区林草植被覆盖率明显增加，森林覆盖率由 2004 年的 3.2%提高到 2012 年的 4.8%，沙化防治点植被覆盖度由治理前的不到 15%增加到 38.2%。湖泊水域和湿地面积增加，2004—2012 年自然保护区内湿地面积增加了 104.94 km²，黄河源头"千湖"湿地逐步恢复。水源涵养功能显著提升，2004—2012 年林草生态系统水源涵养量增加了 28.37 亿 m³。工程实施促进了区域生产生活改善，2004—2012 年农牧民纯收入年均增长 10%左右，农牧民生态保护意识逐步提高。

2016 年，三江源生态保护和建设二期工程启动实施。截至 2018 年，当地沙化土地植被覆盖度由 33.36%提高到近 40%，湿地植被覆盖度增长超过 4%，森林覆盖率由 4.8%提高到 7.43%，草地植被覆盖度由 73%提高到 75%，产草量达 3 082 kg/hm²，乔木、灌木林的郁闭度及蓄积量均呈增长态势。

推进以国家公园为主体的自然保护地体系建设。建立以国家公园为主体的自然保护地体系，是贯彻习近平生态文明思想的重大举措，是推进生态文明建设的重大改革任务，其目标是建设健康稳定高效的自然生态系统，为维护国家生态安全和实现经济社会可持续发展筑牢基石。

2016 年，三江源地区成为中国首个国家公园体制试点，试点范围包括长江源、黄河源、澜沧江源 3 个园区，涵盖果洛藏族自治州玛多县和玉树藏族自治州杂多县、治多县、曲麻莱县 3 个县以及青海可可西里国家级自然保护区管理局管辖区域，共 12 个乡镇，53 个村，总面积 12.31 万 km²，占三江源整体区域面积的 32.06%。试点区涉及自然保护区、重要饮用水水源地保护区、水产种质资源保护区、风景名胜区、自然遗产地等共 6 类 15 个保护地，园区加快优化重组各类保护地，推动建立以国家公园为主体的自然保护地体系，实施整体保护、系统修复、一体化管理。

试点以来，园区先后实施一批黑土滩综合治理、草原有害生物防控、沙漠化土地防治、湿地保护、退化草场改良等生态保护和建设项目。现有评估数据显示，截至 2020 年，三江源区草地覆盖率、产草量分别比 10 年前提高了 11%、30%以上，黑颈鹤、斑头雁等鸟类以及藏野驴、藏原羚等种群数量不断增加，生物多样性得到保护，生态环境质量持续改善，生态功能得以巩固。2021 年，三江源被正式命名为我国第一批国家公园。

（2）生态保护补偿

三江源地区的经济社会发展水平决定了其生态产品价值实现主要依赖中央财政转移支付和政府购买的生态补偿模式，位于三江源国家公园范围内的玛多县、治多县、杂多县、曲麻莱县 4 个县财政支出的 90%以上来自中央转移支付。早在 2010 年，青海省出台实施

《三江源生态补偿机制试行办法》，经长期实践，三江源地区初步建立了以生态保护为重点，以改善民生为核心的生态补偿长效机制，构建了以中央财政为主、地方财政为辅的生态补偿体系，探索了一些适合本地实际的生态补偿模式，主要包括草原生态保护奖补、生态公益林补偿、设置生态管护员公益岗位、生态移民补助、湿地生态补助等。

实施草原生态保护奖补。采用禁牧减畜的生态保护手段，对草原及草地严重退化的草场实施禁牧封育，对禁牧区以外的草场，通过季节性休牧或划区轮牧等方式实施草畜平衡管理，对禁牧减畜的牧民给予禁牧补助和草畜平衡奖励，是统筹推进草原生态保护、农牧民生活改善、草牧业生产转型和可持续发展，实现牧区"三生"共赢的重要举措。三江源地区草地面积占比高达 71.2%，草原生态保护奖补是生态补偿的重要部分，对草原植被覆盖度的恢复和提升起了关键作用。

实施森林生态效益补偿。对生态公益林进行补偿，用于森林资源林木的营造、抚育、保护和管理等。截至 2018 年，三江源地区的 158 万 hm² 国家级生态公益林均被纳入中央财政森林生态效益补偿范围，主要是对承担国家级生态公益林保护任务的单位和个人进行补偿。

设置生态管护公益岗位。将生态保护补偿与精准扶贫、乡村振兴相结合，是三江源地区协调和平衡生态保护与改善当地牧民生活条件的重要举措。2011 年，青海省启动生态管护员试点工作；2017 年，在三江源国家公园区域内全面实施"一户一岗"政策，并从区域内的贫困牧户中优先选聘有劳动能力的牧民从事生态公益管护工作。截至 2020 年年底，三江源地区共有 17 211 名生态管护员持证上岗，年补助资金达 3.72 亿元，户均年收入增加 21 600 元，有效调动了牧民参与生态保护的积极性，生态管护效果逐步显现，牧民增收有了稳定渠道，实现了生态保护与民生改善"双赢"。

重点流域生态保护补偿。2023 年 5 月底，青海省财政厅、生态环境厅、水利厅与林业和草原局联合印发《青海省重点流域生态保护补偿办法（试行）》（以下简称《办法》），对黄河流域、长江流域及澜沧江流域的 40 个县（市、区）加快建立重点流域生态保护补偿机制，推动流域"共同抓好大保护，协同推进大治理"。《办法》明确重点流域生态保护补偿资金采用因素法分配。按照水环境质量、水源涵养和水资源综合管理三类因素，统筹分配至流域范围内的县（市、区），其中：水环境质量指标占比 40%，采用的因素为流域内各县（市、区）国控、省控断面水质达标比例；水源涵养指标占比 30%，采用的因素为流域内各县（市、区）湿地、森林、草原面积；水资源综合管理指标占比 30%，采用的因素为实行最严格水资源管理制度考核分值，其中省考核所在市（州）分值和市（州）考核所辖县（市、区）分值各占 50%。《办法》明确重点流域生态保护补偿资金通过省级重点生态功能区转移支付分配到流域范围内各地区，由各县（市、区）统筹用于生态保护和民生保障，优先支持重点流域水生态保护和修复、水土保持、集中式饮用水水源地保护、农牧区面源污染防治、城乡环保基础设施建设及维护、生态环境运维保障及生态环保项目前期等工作任务。

此外，三江源地区积极探索市场化的生态补偿模式，引入多方主体参与生态环境保护。早在 2013 年，三江源地区通过将二氧化碳减排指标在青海省能源环境交易中心进行交易，将收益以生态补偿方式返还社区，鼓励农民优先使用清洁能源。探索与 NGO、企业等社会组织合作共同设立绿色基金，扩展生态补偿类型。构建社区自治的新模式，使牧民成为生态保护最直接的利益相关者、成为生态保护的主体并激发其参与保护的内生动力。

（3）生态产业化经营

三江源地区将生态环境保护与产业发展有机结合，将生态补偿与精准脱贫、乡村振兴相结合，依托其独特的生态资源优势，大力发展绿色产业，培育高端畜牧业、藏药产业，发展生态旅游，引导并扶持牧民从事生态体验、环境教育服务以及牧家乐、民族文化演艺等高端服务业，促进生态产业化、产业生态化，不断提高生态产品价值转化效率和效益。

发展生态畜牧业合作社。青海省出台一系列关于草原承包经营权流转相关规定，维持牧民草原承包经营权不变，鼓励牧民以牲畜入股、合作劳务等形式发展畜牧业合作社。三江源地区通过发展生态畜牧业专业合作社，生产要素得到优化配置，畜牧业生产经营方式从粗放低效向集约高效转变，分配方式由单纯的按劳分配向劳动、草场、资本、技术、管理等生产要素参与分配转变，牧民收入渠道不断拓宽，增收成效明显。在合作社的引导下，富余劳动力积极开展交通运输、建筑、餐饮、工艺品加工等第二、第三产业，同时，通过发展电商模式，提高产品的销售半径，打开全国消费市场。

积极发展特许经营。三江源国家公园探索在继续实行草原承包经营的基础上，鼓励当地牧民将草场、牲畜等牲畜资料，以入股、租赁、抵押、合作等方式，流转到牧业合作社，探索将草场承包经营权转变为特许经营权。划定公园内藏药开发利用、有机畜牧产品及其加工产业、文化产业、支撑生态体验和环境教育服务业等领域营利性项目特许经营的范围，鼓励发展与国家公园保护目标相协调的民宿、牧家乐、民族文化演艺、交通保障、生态体验设计等支撑生态体验和环境教育的服务类项目。采取特许经营方式引导社会资本参与国家公园建设，支持政策性、开发性金融机构为特许经营项目开通绿色金融服务。在三江源国家公园试点建设过程中，注重将生态保护与改善民生紧密结合、相互促进，保护修复生态环境的同时，使当地牧民享受到生态产品带来的长效收益。

发展生态旅游。三江源重要的生态地位和生态价值造就了其得天独厚的旅游价值，依托三江源国家公园及其他自然保护地，在政府顶层设计和公众的共同参与下，初步形成了以生态观光、探险旅游、民族文化、宗教朝觐和风情旅游等内容为主的国际生态旅游目的地。引入第三方机构对其价值进行科学评估，通过多种渠道的市场化运营实现生态产品的经济价值；将经济收益投入其他生态产品的保护与开发中，建立反哺机制，实现"在开发中保护、在保护中开发"的良性互动，最终实现生态产品的可持续发展。

5.6　生态环境保护政策机制存在的主要问题

5.6.1　生态环境保护协同联动机制有待加强

黄河流域资源利用、环境保护、湿地管理保护、防洪工程建设、滩区管理等涉及黄河水利委员会、生态环境、林业和草原、自然资源、农业农村等多个部门，开发利用和管理的目标要求、依据的法规各不相同，导致管辖范围、权限相互交叉、冲突，多头管理和交叉管理现象较为普遍，部门间多头执法、推诿扯皮的问题依然存在。生态环境保护制度还不完善，市场化、多元化、多要素的生态补偿机制建设进展缓慢，生态环境保护合作动力不足，统一规划、统一标准、统一环评、统一监测、统一执法的统分结合、整体联动的工作机制尚未建立；山水林田湖草系统保护的理念尚未完全融入生态环境保护与经济社会发展的全过程。

黄河流域水资源保护局转隶生态环境部并组建黄河流域生态环境监督管理局之后，仍面临职能转换、机制构建、能力不足等问题。山东、青海等试点省及非试点省环境监测监察执法垂直管理改革取得了阶段性进展，但地方政府与环保机构之间对于环境监察执法还没有清晰的责任边界划分，在"条"与"块"上存在权力的交叉和重叠。

5.6.2　环境质量标准体系有待进一步完善

目前，黄河流域生态环境标准体系不够健全，黄河流域缺乏统一、明确、可操作性强的水生生物、生态流量、自然岸线保有率、物种保护、自然资源科学合理开发和利用等相关标准和规范。黄河流域水污染物排放标准体系不够健全，一部分水污染物排放标准缺乏明确的水污染预处理标准。虽然最新颁布的国家行业水污染物排放标准和地方水污染物排放标准都明确了预处理要求，但各地的预处理要求差别较大，缺乏统一、明确、可操作性强的规定。同时黄河流域水污染物排放标准缺乏与水环境质量标准的协调，完整的水生态环境指标是生物完整性的基础和保障，而现行水环境质量标准仅采用化学指标不足以保护黄河流域水生态环境和生物多样性，不利于水生态系统的保护。

5.6.3　生态环境保护相关制度有待健全

黄河流域污染物排放总量控制制度立法依据分散，对整个流域污染物排放总量分配的约束性不够强。黄河流域排污单位未完全落实污染治理和排污监测主体责任，排污单位自行监测行为不够完全规范，排污单位按证排污、依证监测责任意识仍需要加强。黄河流域尚未建立系统性、整体性、全覆盖的流域生态补偿机制，水源涵养地区的发展权补偿还有很大政策空间，跨省横向生态补偿还处于探索阶段，补偿范围较窄、补偿标准偏低、补偿规模偏小，补偿保障不足，缺乏规范流域生态补偿顶层设计，生态补偿主客体利益协调和标准不统一问题突出。黄河流域 9 省（区）建立了生态环境损害赔偿制度，目前关于生态环境损害责任认定与赔偿还缺乏系统、规范、统一的法律规定，在实际操作中存在较多掣肘因素。黄河生态系统是一个有机整体，开展生态环境损害赔偿工作要充分考虑上、中、下游的差异。黄河流域各省（区）在环境公益诉讼制度实施方面取得了显著的成果，但由于缺乏完善的法律体系，加之缺乏实践经验，导致案件处理的周期较长，环境公益诉讼制度实施的总体效率偏低。

多元化环境治理投入机制尚未建立。目前，财政支持黄河流域打好污染防治攻坚战工作还面临许多困难和挑战。生态环保资金投入压力持续加大，可用财力有限与生态环保资金需求增长之间的矛盾进一步凸显。多元化投入机制尚未形成，"谁污染、谁治理"的污染治理原则落实还不到位，政府主导、企业主体、社会和公众共同参与的多元化环境治理投入机制尚未建立。相较于长江流域，黄河流域各省（区）能够提供的财政支持和参与环境保护工作的企业相对偏弱。由于政策扶持力度有限、黄河流域缺乏统一生态治理规划，管理部门交叉、财政性资金有限且又被人为分散，加之流域治理项目多以公益性为主，缺少经营性收益来源等因素，导致社会资本投入意愿不强，而河流治理所需资金庞大、治理周期长、PPP 模式适用范围受限等问题，也使投资人对于参与投资黄河流域生态治理项目更为谨慎。因此，单纯依赖财政投入或以传统方式引入社会资本合作，已难以为黄河流域生态环境治理提供有效的投融资机制支持。

5.6.4　流域环境治理能力还存在较大差距

黄河流域生态环境脆弱，环境问题突出，黄河流域生态环境监测网络在空间布局上分布不均，生态质量监测尚未覆盖流域主要生态系统类型，地下水、农业面源监测能力相对薄弱，全覆盖的生态环境监测网络体系尚未建立。黄河流域生态环境调查、监测、水文、水利工程、水土保持、自然灾害等资料信息分属不同部门，虽然签订数据共享协议，但在某些数据共享具体操作层面还不够通畅。黄河流域水生态环境监测信息集成共享应用不足，缺乏黄河生态环境监测信息统一集中展示、调度指挥与决策支持平台，数据综合分析和深度挖掘应用不足，不能高效服务、支撑黄河流域生态保护。

黄河流域生态环境监测网络未实现全覆盖。黄河流域生态环境监测网络在空间布局上分布不均，范围和要素覆盖不全，全覆盖的生态环境监测网络体系尚未建立。水生态监测工作起步较晚，监测能力较为薄弱，仅能监测水体中的综合生物毒性、叶绿素等，远不能满足黄河流域水生态监测的需求。水质自动站设备老化现象严重，存在数据不稳、精确度不够、数据传输调取卡顿、系统频繁死锁、视频监控图像存储困难等问题，影响水环境在线监测工作的正常开展。现有应急监测能力的覆盖范围、指标项目等尚不能满足应对流域突发环境事件的应急监测需求。河口、潮间带、滩涂湿地、碱蓬、芦苇的监测能力薄弱，缺乏野外采样和实验室分析能力，难以满足黄河三角洲湿地生态监测需求。

黄河流域结构性、布局性风险显著。据不完全统计，黄河干流 10 km 范围内分布有近

9 000 家突发生态环境事件风险企业，其中，资源消耗型企业数量占比较大，黄河流域煤化工行业（包括炼焦、氮肥制造及部分化学品制造企业等）约占全国煤化工企业数量的80%，主要集中在陕西省南部、山西省、河南省、山东省。突发生态环境事件高发，平均每年发生突发生态环境事件超过 100 起，涉水事件比例大，绝大部分由生产安全和交通事故次生事件。环境应急管理能力有待加强，部分省、市尚未建立环境应急管理机构，突发生态环境事件预警预判和应急能力薄弱，大部分涉气企业和工业园区尚未开展突发大气环境事件预警体系建设，缺乏集成监控、评估、预警以及处置的预警系统，快速预测模拟和预警响应决策能力滞后，重点河段区域尤其是基层人员队伍和物资装备储备的数量、针对性、专业性不足；跨区域、跨部门环境应急联动机制建设有待加强，中、下游环境应急联动机制建设相对滞后，应急预案、物资装备储备以及人员队伍等缺乏有效衔接和统筹管理。

5.6.5   黄河流域生态环境治理体系尚不健全

黄河流域参与主体多元化的生态环境治理体系尚未完全建立，各部门多头管理和交叉管理现象较为普遍，生态环境治理领导责任体系尚不明确。企业环保排放不达标及污染治理设施不配套且运行不到位等问题仍然比较突出，环境治理主体责任落实不到位；环境基础设施不足，普遍存在城镇污水处理能力不足、管网不健全、污水处理厂超标排放等问题。公众参与生态环境保护力度不够、参与环境决策的程度低、缺乏广泛性，公共参与等社会行动体系有待加强。黄河流域生态环境监管体系有待进一步完善，强化流域生态环境综合监督执法迫在眉睫。

公众参与生态环境保护力度不够。公众缺乏参与环境保护需具备的环境科学知识、科学素养和态度，包括独立的、理性的思考和判断。许多环境群体事件的出现，暴露的不仅是环境管理不到位问题，更是公众对环境问题的科学性缺乏正确的理解和认识。公众参与环境决策的程度低，虽然公众有机会参与法律法规及规划政策的制定和修改，但公众参与决策过程多为间接、滞后的参与，往往是在决策基本完成后提出意见和建议，或者通过调查问卷、写书面意见和建议等方式向相关主管部门表达看法。公众参与环保活动缺乏广泛性，公众参与的人群主要集中在环境意识和观念比较强、受过良好教育、收入相对高的群体。在经济相对发达的沿海地区，人们参与环保的意识比较强烈，内陆经济欠发达地区公众参与程度则较低。另外，2014 年修订的《中华人民共和国环境保护法》，虽将具备一定条件的社会组织纳入了环境公益诉讼的主体，但是公众个人仍然没有诉讼资格。

5.6.6   黄河流域生态产品价值实现机制有待深入完善

（1）生态补偿方式有待进一步优化

虽然黄河流域生态补偿已取得了较大成效，然而目前面临着一些问题。首先，黄河流域生态补偿以政府转移支付为主，缺少社会资金进入，资金来源单一；其次，生态补偿的参与者主要是政府机构，属于政府主导的生态补偿，政府通过财政转移支付对生态系统进行补偿，市场化组织力量非常薄弱，容易导致政府压力过大，影响补偿效果；再次，生态补偿标准制定不科学，地区差异性考虑欠缺，部分地区存在生态补偿标准"一刀切"的现象；最后，补偿方式有待多元化，目前，黄河生态补偿方式以行政补偿为主，虽然补偿初期效果良好，但是随着生态补偿规模的扩大，仅仅依靠行政补偿方式很难消除黄河流域生态保护和经济发展之间的矛盾。

（2）生态产品开发利用程度普遍较低

黄河流域拥有极其丰富的自然与人文资源，然而大量生态产品目前尚未有效开发利用，导致该问题的原因主要为：一是上游地区基础设施建设水平较低，衔接自然景观的县域道路、乡村道路以及其他通道等并未完全打通，道路交通网络体系的不完善在很大程度上制约了自然景观类生态产品的价值开发和实现。二是生态产品宣传力度不足，发展旅游业是黄河流域生态产品价值实现的重要途径，然而流域许多优美的自然景观未能得到大力宣传和推广，其生态旅游、生态认知与体验、休闲游憩的生态产品价值无法得到实现。三是地方对生态产品价值实现重视不足，对生态产品内涵缺乏准确认识、对绿水青山就是金山银山理念的认识不到位，生态环境保护让位于经济社会建设的现象仍然存在，自然类生态产品的成长空间受到挤压。四是流域生态产品价值实现机制尚不健全。黄河流域生态补偿机制尚不完善，财政转移支付和政府赎买等以政府为主导的生态产品价值实现力度仍不够，资金使用效率有待提升。黄河流域尚未形成统一的生态产品价值实现类规划，沿黄地区生态产品价值实现缺乏统筹与协调，各区域各领域基本处于各自为政的状态，难以发挥合力。

（3）生态产品的生产与保护仍需继续加强

一是黄河流域生态本底较为脆弱，近年来受气候变化与人为活动影响，局部地区生态系统退化情况较为突出，易导致生态产品价值损失。甘南黄河重要水源补给生态功能区草地中度以上退化面积占草地面积的 50%，轻度以上退化面积占草地面积的 70%；黄土高原大部分地区土壤侵蚀强度大于 1 000 t/（km²·a）；2005—2015 年流域湖泊湿地、沼泽湿地及河口滩涂湿地重要自然湿地分别减少 25%、21% 和 40%，以上这些都导致黄河流域生态产品供给能力、调节服务能力等受到影响。

二是环境污染问题依然突出，影响黄河流域生态产品价值。黄河流域矿产资源分布与生态脆弱区高度重合，流域生态环境高胁迫区域主要集中在黄河流域中游从银川—包头—呼和浩特—晋陕这一煤炭资源开采和加工的"黑金三角"地区，以及黄河中、下游部分煤炭或建材产区。集中的矿产资源空间配置使上、中游地区煤化工行业集中分布，呈现污染集中、风险集中的特点，导致区域性生态与环境问题频繁发生，影响流域生态产品供给能力、调节服务能力与文化服务能力。

── 第 6 章

黄河流域生态保护治理协同战略框架

6.1 总体考虑

　　黄河流域是我国重要的生态屏障和经济地带。根据《2021 年黄河水资源公报》，黄河流域多年平均水资源量 719 亿 m^3，占全国水资源总量的 2.56%，其中地表水资源量 535 亿 m^3，占全国地表水资源总量的 1.98%。有限的水资源量承载了全国 12% 的人口、17% 的耕地，灌溉了全国 13% 的农田，生产了全国 13% 的粮食。水资源短缺是黄河流域生态保护和高质量发展面临的最大矛盾，黄河水资源总量不到长江的 7%，人均水资源量不到全国平均的 65%，水资源开发利用率高达 80%，远超过 40% 的生态警戒线。生态脆弱是黄河流域生态保护和高质量发展的最大问题，黄河流域位于干旱半干旱地区，流域 3/4 的区域为中度以上脆弱区，高于全国 55% 的平均水平。能源转型是黄河流域生态保护和高质量发展的最大挑战，黄河流域被誉为中国的"能源基地"，2020 年煤炭产量约占全国总产量的 80%，石油、天然气产量占比均超过 30%。

　　水资源是制约黄河流域保护和发展的核心要素，能源绿色低碳转型是实现黄河流域高质量发展的关键要义，生态安全又是黄河流域生态保护和高质量发展战略的重大要求，水-能源-生态系统三者形成互为基础、相互依存、彼此促进的有机整体。黄河流域生态保护治理协同战略研究不能仅考虑生态和环境之间的协同，还应考虑黄河流域生态环境受水资源、能源开发利用的影响，统筹考虑生态保护与水资源、能源的协同关系，发挥三者之间协同增效潜力对推动落实黄河流域生态保护和高质量发展战略具有重要意义。

6.2 水-能源-生态系统相互作用关系

黄河流域水-能源-生态系统之间相互依存、彼此制约，关系密切且复杂。黄河流域的资源禀赋和发展状况决定了其是水-能源-生态系统矛盾突出且集中的典型区域。黄河流域水-能源-生态系统协同关系如图 6-1 所示。生态用水是保障黄河流域水生态系统健康的关键，当流域生态系统受生态用水不足影响时，生态脆弱和水土流失问题严重；当流域生态系统处于稳定状态时，就会提供水源涵养、净化水质、蓄水防洪等重要生态服务功能，对水文过程和地表水、地下水资源的净化和补给发挥重要作用。能源生产和消费消耗水资源，能源生产和消费过程会产生污染物排放；同时，水资源开发利用过程也需要消耗能源。生态系统提供能源生产必要的土地资源和矿产资源，能源生产和消费造成生态系统破坏、环境污染以及碳排放。森林、河流等生态系统可提供生物质能或用于发电，有利于能源多元化发展，而水电开发也会破坏河流生态系统连通性。黄河流域水-能源-生态系统之间相互关联、相互影响，具体表现如下。

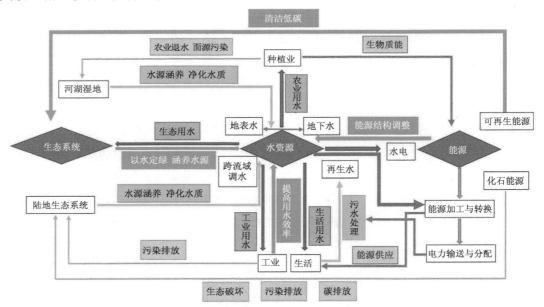

图 6-1 黄河流域水-能源-生态系统协同关系

水量减少影响流域生态系统质量。黄河源头区 1997—2006 年水量减少明显，河源区唐乃亥以上的水沙减幅明显，与 1970—1996 年均水沙量相比，水量减幅在 15.7%～76.4%，沙量减幅在 22.6%～81.1%，尤其是黄河沿站水量、沙量减幅最大，减幅分别为 76.4%、81.1%。黄河河源区降水量偏少、冰川退缩、部分地区湖泊湿地萎缩、河川径流减少，甚至出现断流现象。近年来，随着上游来水来沙量的减少，海岸蚀退和海水侵蚀问题突出，河口三角洲土壤盐碱化程度提高，生境质量有所下降，入海口自然湿地近 30 年减少一半以上。

干流高度人工化严重影响河流纵向连通性。据统计，截至 2015 年黄河流域共建成水电站 568 座，其中大型水电站 15 座、中型水电站 24 座、小型水电站 529 座。河道径流受水量调度高度影响，造成汛期河道水量明显下降，河流洪水过程、水文情势、生态功能受到严重影响，河水难上滩，河流河岸生态系统受损，河流纵向连通性遭到结构性破坏。

水资源过度开发利用引发生态环境问题。过去较长时期内，流域经济社会快速发展导致对水资源开发利用的需求不断增加，水资源利用结构不合理，全流域水资源开发利用率高达 80%，局部地区水资源开发利用已接近甚至超过水资源承载力。加之气候变化影响，流域天然径流量不断减少，2001—2017 年平均天然径流量比 1956—2000 年平均水平衰减 14%，这又进一步加剧了黄河流域人河争水的矛盾，部分支流断流、生态流量难以保障，进而引起湖泊湿地萎缩、水生生物多样性受到严重威胁等生态退化问题。

生态系统变化影响流域水循环。植被变化通过改变下垫面地形地貌条件、植被覆盖面积、土壤理化性质、植物水分吸收和利用效率等影响土壤入渗、根层水分去向和蒸散，进而影响流域的径流量、洪水过程及地表和地下水资源的补给。对于干旱、半干旱乃至半湿润生态系统，其水分绝大部分通过蒸散消耗，对于草地生态系统该比例可达 95%，在黄土高原地区也大于 90%，因而蒸散及其组分分配是水循环的重要枢纽。据相关研究，不同年龄树种的水分吸收和利用特征不同，不同植物和植物群落在水分吸收节律、利用效率和年需水总量上也相差较大。

忽略水资源承载的生态治理引发新问题。黄土高原既是世界上水土流失最严重的地区，也是我国开展水土保持和生态建设的重点地区。有些地区人工林耗水接近水资源承载力阈值，黄土高原东南部子午岭、黄龙山林区等区域植被覆盖度已达到 90% 及以上，植被蒸腾导致土壤水分不断消耗，出现了土壤干化和植物群落生长衰退等问题，植被恢复的可持续性面临威胁，不合理的人工林建设对区域水文循环和社会用水需求造成不利影响。另外，黄土高原土壤侵蚀强度显著下降的同时，导致向下游输沙量大幅减少，对小浪底水库的水沙调控能力及下游河道与河口湿地生态安全有重要影响。近年来，小浪底水库单库调水调沙后续动力不足，河道冲刷效率明显降低，黄河下游湿地植物和水生生物健康状况显著下降，黄河三角洲湿地面积减少，滨海湿地碳储量减少。

煤炭开采加剧水资源短缺，造成生态恶化。黄河流域是我国重要的能源战略区与煤炭生产基地，黄河流域内有 9 个国家大型煤炭基地，煤炭年产量约占全国总量的 70%。煤炭开采会扰动生态环境，诱发植被破坏、景观破碎、生态退化等系列问题。采煤耗水量巨大，开采 1 t 煤炭平均消耗水资源约 2 t，按照煤炭年产量 28 亿 t 计算，消耗的水资源超过 56 亿 t，若加上煤化工企业用水，黄河流域煤矿区每年增加的用水量超过 100 亿 t，这加剧了流域水资源短缺，造成地下水位下降。高强度采煤不仅会加重风沙区沙漠化态势，也会胁迫黄土区水土流失。

　　基于区域生态保护定位优化能源开发布局。木里煤田地处黄河重要支流大通河源头，位于 25 个国家级重点生态功能区之一的祁连山冰川与水源涵养生态功能区内，生态环境十分脆弱。曾经大规模露天开采，高寒草原湿地生态遭到破坏，2014 年全面生态环境综合整治之前，矿区水源涵养功能下降约 40%，矿区开发活动区域及周边高寒沼泽草甸向高寒草甸进行了不可逆的演替。为落实习近平总书记重要指示批示精神，强化祁连山生态保护，2014 年和 2020 年青海省先后开展木里矿区生态环境综合整治，木里煤田停止开采，人工修复为自然恢复创造条件，促使木里矿区高寒草甸、高寒湿地和冻土生态系统正向演替和良性发展。

　　水资源、能源利用效率低不利于污染物和二氧化碳协同减排。据测算，黄河流域国家级工业园区水资源产出率平均值为 0.25 万元/m^3，青海省、甘肃省、宁夏回族自治区、内蒙古自治区、河南省的国家级工业园区水资源产出率低于全国平均水平。黄河流域国家级工业园区能源产出率平均值为 7.25 万元/t 标煤，低于国家生态工业示范园区标准中能耗强度标准 [0.5 t 标煤/万元（工业增加值），折算为能源产出率为 10 万元/t 标煤]。青海省、甘肃省、宁夏回族自治区、内蒙古自治区的国家级工业园区能源产出率距全国平均水平有较大差距。产业结构偏重导致能源利用效率低下，以消耗大量能源来维持地区经济增长的发展现状未根本改变，由于黄河流域能源消费仍然以煤为主，能源大量消耗导致污染物和碳排放。黄河流域各省的国家级工业园区单位地区生产总值温室气体排放量整体为 3～10 tCO$_2$e/万元，整体排放量仍较高。其中，宁夏回族自治区、内蒙古自治区、山东省、陕西省、甘肃省等省（区）的国家级工业园区单位地区生产总值温室气体排放量相对较高。

6.3　协同增效概念模型

　　水-能源-生态系统协同增效概念模型是三元一体的协同体系概念模型（图 6-2），是黄河流域水、能源、生态系统之间相互关系与协同增效研究的逻辑起点和理论基础。水、能源、生态系统 3 个组成要素相互影响、相互依存、相互促进，其错综复杂的关联模式是三者之间相互作用的表征方式。具体来说，该概念模型体现以下 3 方面特征：

　　协同体系的多空间尺度。水-能源-生态系统协同增效概念模型是包括宏观、中观和微观的多层尺度概念模型，既可揭示流域上、中、下游之间的流域空间协同，也能揭示跨省份之间的区域协同，还能揭示同一地区内不同自然单元之间的相互协同。

　　协同体系的多圈层关联。水-能源-生态系统协同增效概念模型既可表征流域内水资源配置对生态系统、能源开发的影响与制约，生态系统保护修复对涵养水源、优化能源开发布局的正向影响，化石能源开发对水资源占用、生态系统破坏的影响，又能揭示水资源、水生态、水环境之间的相互协同作用，山水林田湖草沙冰生命共同体相互依存、相互促进的关系。

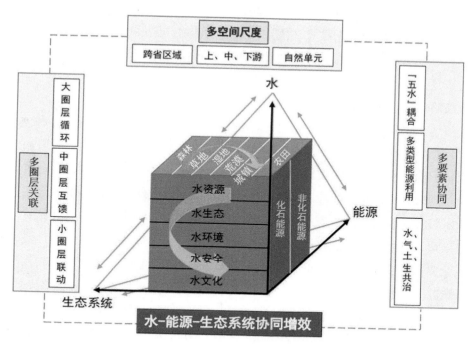

图 6-2　水-能源-生态系统协同增效概念模型

协同体系的多要素协同。水-能源-生态系统协同增效概念模型的多要素体现在水资源、水环境、水生态、水安全、水文化等以水为主线的要素之间，水环境、大气环境、土壤环境、生态系统等以生态环境为主线的要素之间，森林、草地、湿地、荒漠、冰川、冻土、城镇、农田等不同生态系统类型的要素之间，煤炭、石油、天然气等化石能源与太阳能、风能等清洁能源的要素之间，以及水、能源、生态系统等系列要素之间的相互作用、相互协同。

6.4　协同增效战略体系框架

黄河流域生态脆弱、水资源短缺、资源环境承载力弱等问题突出，同时相互作用、相互影响，成为流域实现生态保护和高质量发展目标的制约因素。针对这些问题，需要打破单一要素、单一领域界限，从流域系统整体谋划，基于系统与系统之间的协同增效视角，构建水-能源-生态系统协同增效战略体系，并在全球气候变化背景下，从系统工程和全局角度出发，开展多维度多目标多系统协同治理。

水资源不仅是黄河流域水-能源-生态系统纽带关系中的关键，也是黄河流域保护与发展最突出的矛盾焦点。因此，把水资源作为黄河流域最大的刚性约束，生态保护修复以及能源、产业发展都必须适应水资源承载力，以水资源承载力作为基准制定生态保护修复方案、调整以煤为主的能源结构从而减缓水资源压力是黄河流域水-能源-生态系统协同增效战略的关键要点。立足黄河流域整体和长远利益，依据"共同抓好大保护，协同推进大治理"的核心思想，建立区域之间、要素之间、政策之间的协同发展机制是黄河流域水-能源-生态系统协同增效战略的根本前提。实施优化水资源配置的一体化工程、基于水资源约束的生态保护修复工程以及基于资源环境承载的能源发展工程，是黄河流域水-能源-生态系统协同增效战略落地实施生效的重要途径。

　　综上所述，黄河流域生态环境治理协同应聚焦在以下 5 个方面（图 6-3）：①实施以"刚性约束"为核心的水资源综合调控策略，全面实行流域水资源的刚性约束，增加上游河道外生态用水配给，在中、下游实施用水指标水权置换，建立城、田、河、水、滩、林等多样性生态景观来提高洪旱灾害应对能力；②实施以"以水定绿"为核心的综合保护治理策略，基于水资源承载力开展生态系统保护修复，因地制宜、量水而行，宜林则林、宜草则草、宜湿则湿、宜荒则荒，制定适应水资源承载力的林草植被恢复方案，点、线、面结合推进流域全要素综合治理；③充分考虑能源系统与生态系统、水系统之间的权衡关系，加快绿色低碳能源转型，发展清洁能源，实施以"清洁低碳"为核心的加快能源多元转型策略；④实施以"多方联动"为核心的协同政策体系，创新协同推进机制，保障黄河流域水-能源-生态系统之间协同增效；⑤配套实施重大工程，实施以"工程引领"为核心推动协同目标实现的策略，包括实施水资源-水生态-水环境-水安全-水文化一体化建设重大工程、基于不同空间资源环境承载的能源发展工程、基于不同空间水资源约束的生态安全保障工程。

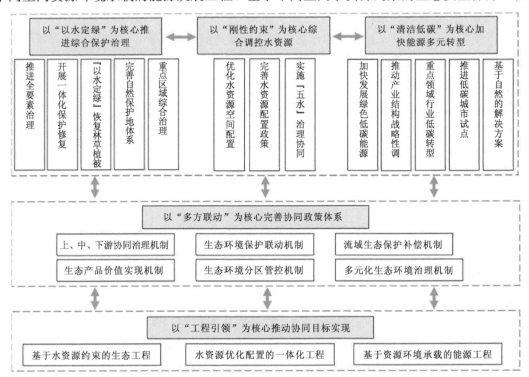

图 6-3　黄河流域生态保护治理协同增效战略框架

—— 第 7 章 ——

黄河流域生态保护治理协同增效对策

7.1 以"刚性约束"为核心综合调控水资源

坚持以水定城、以水定地、以水定人、以水定产，优化水资源配置，提高水资源利用效率，推进水资源集约节约利用。坚持生态优先，构建水生态、水环境、水资源、水安全、水文化"五水"统筹的战略体系，建立体现黄河流域特色的"五水"治理目标指标和考评办法，制定"五水"治理协同战略实施路线图。

7.1.1 优化流域水资源空间配置

结合国家水网工程、南水北调后续工程及相关重大调水工程建设，科学合理确定黄河干支流河湖生态流量（水量），优化和细化"八七"分水方案。基于黄河流域水沙条件，适当降低黄河河道内的输沙水量，增加黄河上游河道外生态用水配给，充分考虑河道外荒漠治理、湖泊维系等生态环境用水量。全面提升各省（区）用水定额覆盖率，在高耗水行业和主要用水产品中推行强制性节水标准。重点加强主要农作物（小麦、玉米等）、高耗水工业（火电、煤化工等）、生活服务业（高校等）用水定额执行情况跟踪监测与分析评价，形成用水定额执行核算的技术方法，探索建立黄河流域用水定额执行评价机制。

加快推进水权交易市场建设，完善上、中、下游水权跨区域调配，建立全域水权合作机制，实现节约水量跨区域、跨行业流转。在黄河中、下游实施用水指标水权置换，在超指标用水的山东省和未达用水指标的山西省、陕西省、河南省之间开展用水指标水权置换。完善水价机制，实行分地区、分行业、分时段差异化水价、阶梯水价、累进加价等制度，调整中下游地区引黄水价，引导中、下游地区不断提高用水效率，促进水资源配置进一步优化。推进黄河流域灌区现代化改造，以黄河上游宁蒙平原、中游汾渭盆地、下游引黄灌区为重点，推进高标准农田建设，以经济作物为重点推进田间高效节水灌溉，因地制宜推进水肥药一体化、集雨节灌、膜下滴灌、测墒灌溉等农业综合节水技术。

7.1.2 完善水资源配置政策

积极发挥市场在水资源配置中的作用，推进水价改革，逐步建立覆盖供水成本、反映市场供求和资源稀缺程度的水价形成和调整机制，发挥经济杠杆作用，推动形成绿色发展方式和用水方式。在农业水价方面，紧紧围绕《国务院办公厅关于推进农业水价综合改革的意见》（国办发〔2016〕2号）、《关于持续推进农业水价综合改革工作的通知》（发改价格〔2020〕1262号）要求，国家发展和改革委员会、财政部、农业农村部等部门协同开展黄河流域农业水价综合改革提速增效行动，结合实际，通过精准补贴、节水奖励等措施，在不增加农民负担的情况下实现改革目标。在城镇水价方面，严格执行用水超定额实行累进加价制度。在南水北调东中线工程探索引黄水与南水北调水同城同业同质同价，促进受水区先用多用南水北调供水。

落实节水制度，制定实施黄河流域水资源节约集约利用行动方案，制定节水的配套激励政策，引导社会资本投入深度节水控水。从农业、工业和生活领域全方位以及取水、供水到耗水全过程进行节水，强化节约用水监管。加快大中型灌区续建配套和现代化改造，推进农业水价改革，优化灌溉定额，提高农业用水效率。严格控制高耗水工业发展，实施工业节水改造。严格控制人工大水面等不合理的生态需水，协调好水资源与灌溉面积、粮食产量的关系。

提高洪旱灾害应对能力。统筹考虑未来全球气候变化趋势，以极端天气引发的洪灾、旱灾等为重点，开展流域自然灾害风险评估，提升极端天气和自然灾害预测预报预警能力。

7.1.3 实施"五水"治理协同战略

7.1.3.1 实施差别化水生态保护修复，推进美丽河湖建设

分区分类实施管控修复，逐步恢复干支流及重要湖泊水生态系统，提升上游地区的水源涵养能力，有效解决中、下游地区河湖水生态受损严重问题。

对黄河干流及主要支流河源区，加强天然林、草地、湿地和高原野生动植物保护，以封育保护为主，实施退牧还草、退耕还林还草、牧民定居和生态移民，疏解人类活动压力，尽可能维护生态系统的原真性和完整性；依托沿黄河干流以及重要湿地生态资源，以防洪和生物多样性保护为主要功能，构筑沿河生态保护带。

对汾河、涑水河等水生态系统受损严重的河流水体，开展水生态环境质量监测，重点实施工业废水、城镇污水、农村排水、农田退水等治理，积极开展河岸生态缓冲带和水生植被生态保护恢复，推进煤化工等重点行业深度治理和灌区农业面源防治，实施环境基础

设施建设工程，推进干支流沿线城镇污水收集处理效率持续提升，确保稳定达标排放。

对洮河、渭河、泾河、北洛河、无定河、窟野河等水土流失严重的支流，因地制宜开展"梁、塬、坡、沟、川"综合治理，继续推进黄土高原塬面保护、病险淤地坝除险加固、贫困地区小流域综合治理、坡耕地综合整治等水土保持重点工程。在晋陕蒙丘陵沟壑区积极推进粗泥沙拦沙减沙工程，以陇东董志塬、晋西太德塬、陕北洛川塬等塬区为重点，实施黄土高原固沟保塬项目。以甘宁青山地丘陵沟壑区等为重点，开展以坡改梯和雨水集蓄利用为主的小流域综合治理。加强淤地坝规范化建设，在重力侵蚀严重、水土流失剧烈区域建设高标准淤地坝；加强病险淤地坝排查和除险加固，提高管护能力。

推进湟水、洮河、窟野河、无定河、延河、汾河、渭河、沁河、伊洛河、大汶河等重点支流水环境治理与水生态系统保护修复，实施河湖周边水源涵养林建设、岸堤植被恢复等工程，恢复河湖水系廊道功能。继续推进乌梁素海、沙湖等湖泊水生态修复，开展排干沟治理、人工湿地、生态补水等工程措施，在加大外源调水力度的同时，生物措施与工程措施相结合，重点做好灌区退水控污和湖体内源减污，恢复湖体生物多样性和湖泊健康。

下游地区重点开展黄河三角洲湿地保护修复工作，开展黄河堤防绿化提升、海岸带生态防护、近海水环境与水生态修复、退塘还湿、退耕（养）还湿、退田还滩、湿地生态保护修复、有害生物综合治理、重点物种保护、河流生态补水等工程，重点保护河口湿地，稳定自然岸线，加强盐沼、滩涂和河口浅海湿地生物资源保护，推进河口湿地自然修复和河湖生态连通，扩大自然湿地面积。开展下游滩区生态综合整治工程，加强滩区水源和优质土地保护修复，构建滩河林田草综合生态空间，在不影响河道行洪的前提下选取适宜河段开展滩区生态治理试点。

7.1.3.2　分区施策开展流域水环境综合整治，强化环境污染系统治理

针对黄河中、下游涉及省（区）普遍存在的城镇污水处理能力不足、管网不健全、雨污未分流、污水处理厂超标排放等环境基础设施不到位问题，强化生活污染防治，重点开展湟水河、窟野河、石川河、北洛河、泾河等区域的城镇污水处理设施提标改造及配套管网建设，补齐城镇污水收集和处理设施短板。

集中开展鄂尔多斯市、榆林市等工业集聚区水污染治理，落实企业治污责任，确保稳定达标排放。实施煤化工、焦化、农药、农副食品加工、原料药制造等重点行业工业废水提升整治工程，持续推进工业企业废水深度处理与循环利用，逐步提高废水综合利用率，减少工业废水排放。

重点开展汾渭平原和河套灌区主产区等农业面源污染治理，严格控制化肥农药施用，采取生态拦截沟、测土配方施肥等措施，推行生态灌区建设，综合治理面源污染；清理整顿黄河岸线内工业企业，加强沿黄河城镇污水处理设施及配套管网建设。开展排干沟治理、

人工湿地、生态补水等工程措施，优化河套灌区给排水网络和调水供水模式，尽可能地减少水资源浪费。实施深度节水控水行动，降低水资源开发利用强度。

7.1.3.3 集约节约与优化配置并举，缓解流域水资源供需矛盾

从农业、工业和生活等领域全方位节水，从取水、供水到耗水全过程节水，推动用水定额落地，补齐节水工程短板，强化节约用水监管。通过水资源刚性约束倒逼，抑制不合理用水需求，提高水资源利用效率，推动流域水资源使用空间均衡。兰（州）西（宁）经济带重点注重合理利用水资源、提高水资源的承载能力，宁蒙灌区重点加强节水提效、水土平衡，中游能源基地重点保障供水、提高用水效率，下游及引黄灌区重点控制规模、水源置换。

黄河源区：该区域主要涉及青海省和甘南江河上游，是国家重要生态功能区和主要产水区，产水量约占全流域的一半，人均水资源量为 7 200～7 300 m³，水资源开发利用率只有 2%～3%。黄河源区应立足于保护生态、涵养水源，要实施退耕还林还草、退牧还草、封山育林、湿地保护等治理措施，逐步推进黄河源区灌溉和经济开发活动，禁止大规模的过牧、矿产资源开发等人类活动。

兰（州）西（宁）经济带：该区域是我国西北重要的城市群和重点经济开发区，是向西开放和"一带一路"的重要枢纽。区域内城镇化率较高，产业结构偏重，用水效率不高，水资源是制约该区域经济社会发展的重要因素。兰（州）西（宁）经济带未来水资源开发策略是合理利用水资源、提高水资源的承载能力，具体为：①坚持以水定城，保障兰-西、兰-白城市群经济发展和六盘山等落后地区脱贫成果持续巩固的用水刚性需求；②进一步强化节水，严格控制高耗水工业发展，控制农业用水增长，充分发挥青海省引大济湟、引大入秦等现有水利工程作用。

宁蒙灌区：该区域是国家重要粮食主产区，自产水资源量最少（仅占流域的 1.3%），引黄条件优越，用水量较大（占流域的 29%），农业用水占比为 90%，灌溉方式大引大排，用水定额较大。宁蒙灌区未来水资源开发利用策略是节水提效、水土平衡，具体为：①坚持以水定地，协调好水与灌溉面积、粮食产量的关系，减少农业耗水，以水资源高效利用支撑区域均衡发展。②推进农业节水，加快大中型灌区续建配套和现代化改造；推进农业水价改革，制定先进的灌溉定额，提高农业用水效率效益；加强取用水监管，控制人工大水面等不合理的生态需水。

黄河中游地区：该区域是国家最重要的能源基地，煤炭储量占全国的 50%，在全国已经探明储量超过 100 亿 t 的 26 个煤田中，有 11 个集中分布于该区域。中游能源基地未来水资源开发利用策略是保障供水、提高用水效率，具体为：①重点保障国家能源和城市发展刚性用水，在调结构、节水的基础上增加供水。②提高用水效率。严控灌溉面积，降低农业用水比重；实施能源工业节水改造，限制高耗水工业。③充分发挥大型既有水资源配

置工程作用，优化引汉济渭、万家寨引黄等配置格局，充分发挥工程的效益。

下游及引黄灌区：该区域灌区集中连片，农业生产水平高，人口密度大（约为流域平均水平的 4 倍）。河道内生态流量偏低，河口湿地萎缩。下游及引黄灌区未来水资源开发利用策略是控制规模、水源置换，具体为：①严格控制流域外引黄地区的引黄规模。调整流域外产业结构、降低农业用水比例，严格控制流域外引黄规模，增加生态流量，促进河流生态系统健康。②利用南水北调通水后的有利条件，探索引黄水与南水北调水的置换。

7.1.3.4　科学开展水土流失治理，调控水沙关系

现行水土流失治理过程中对降水、地形地貌等考虑不足，缺乏分区分类综合治理方略统筹指导。例如，部分地区出现宜封禁恢复植被的区域过度植树、宜平衡人粮矛盾的地区梯田化不足、宜拦沙减蚀的流域淤地坝工程缺失，局部区域植被覆盖度已到上限但仍在植树种草，局部区域因退耕还林出现耕地面积不足，生态环境趋好的流域沟系布坝过密等。

黄土高原植被建设以乡土树草种为主，科学选育人工造林树种，改善林相结构，提高林分质量。在降水量大于 400 mm 的地区，以营造乔木林、乔灌混交林为主；在降水量为 200～400 mm 的地区，以营造灌木林为主，乔木主要种植在沟底或水分条件较好的区域，种草主要在水蚀风蚀交错区；在降水量为 200 mm 以下的地区，以种草、草原改良为主，沙漠绿洲区种植当地特色植物，固定沙丘区种植灌草，半流动沙丘区配置沙障并种植灌草；在砒砂岩地区，以沙棘建设为主。

黄土高原旱作梯田建设以黄土丘陵沟壑区、黄土高塬沟壑区为重点，也就是黄河流域的多沙粗沙区。在降水量为 400 mm 以上区域，坡度为 5°～15°坡耕地集中分布区，大力建设旱作梯田。范围涉及青海省、甘肃省、宁夏回族自治区、内蒙古自治区、山西省、陕西省、河南省 7 个省（区）的 308 个县（市、区、旗）。在海东、陇中和陇东、陕北、宁南、晋西、豫西等区域，选择坡耕地面积占比大、人地矛盾突出、群众需求迫切的地方，按照近村、近路的原则新建旱作高标准梯田，重点保障粮食安全。

黄土高原淤地坝建设适宜范围在黄土高原多沙区范围内，以多沙粗沙区为重点，在沟壑发育活跃、重力侵蚀严重、水土流失剧烈的黄土高原丘陵区、黄土高塬沟壑区及风水蚀交错区，主要分布在河龙区间、泾洛渭河中上游以及青海省、内蒙古自治区、河南省沿黄部分地区，涉及青海省、甘肃省、宁夏回族自治区、内蒙古自治区、山西省、陕西省、河南省共 7 个省（区）。在多沙区，根据区域水土流失、侵蚀强度，结合实际合理布设淤地坝，考虑近年来产沙量减少因素，以单坝为主，避免集中建设。在多沙粗沙区，坚持以重点支流为骨架，以小流域为单位，以大型坝为控制节点，合理配置中小型淤地坝，统一规划坝系，考虑行洪安全、水沙资源等因素，分步实施，确保工程效益发挥。在粗泥沙集中来源区，以拦沙为主要目的，规划坝系建设。

7.1.3.5　构建黄河文化协同发展体系

基于"一河两园三山"水文化格局，形成黄河文化协同发展体系。以黄河为文化保护轴，以中岳嵩山、西岳华山和东岳泰山孕育的中原文化、关陇文化和齐鲁文化为保护区，发展三江源、黄河口国家公园，形成黄河文化保护总体格局。深入挖掘黄河文化蕴含的时代价值，推动文化与旅游深度融合，以黄河文化一体化发展为轴，以晋陕豫3省区域为黄河文化拓展示范区，以拓展示范区中的郑州、西安、太原等城市为引领，以兰西黄河文化城市群、"呼包鄂榆"黄河文化城市群、山东半岛黄河文化城市群为载体，辐射带动全流域水文化产业协同发展。

构建以黄河流域"一脉一心五区多点"的黄河国家文化公园格局，实现黄河文化保护弘扬与黄河流域生态功能提升的"双赢"。"一脉"是指黄河全流域及相关支流重要的文化遗产分布区，"一心"是指黄河中游以中原文化（含河洛文化与晋南文化）与关中文化为中心的黄河文化核心区；"五区"是指黄河上游的河湟文化、河陇文化和河套文化（三江源及河套平原），黄河中游的三晋文化（黄土高原）和黄河下游的齐鲁文化（黄淮海平原）；"多点"是指黄河文化与其他多元文化交汇融合展示节点（黄河与长城、长征、大运河与丝绸之路等文化交汇重合的展示节点）以及黄河下游黄河故道集中展示节点（主要包括江苏省徐州市、宿州市、淮安市等黄河文化遗产集中展示区和河北省邯郸市，河南省安阳市、鹤壁市、濮阳市等黄河文化遗产集中展示区）。

7.2　以"以水定绿"为核心实施综合保护治理

坚持以水定林草的理念，研究适应于水资源承载力的林草植被配置模式，优化自然保护地体系，实施山水林田湖草沙一体化保护修复，点线面结合推进流域全要素治理。

7.2.1　点线面结合推进流域全要素治理

从黄河流域生态系统整体性出发，按照"点（多点）—线（一干十廊）—面（七区）"布局污染治理任务和工程，形成纵横交错的生态环境治理网络，协同推进全流域水、大气、土壤环境与生态系统保护治理。

"线"方面，系统推进黄河流域"一干十廊"水生态环境保护工作。巩固黄河干流水环境质量，保障生态流量，维护水生态安全健康。推进湟水、洮河、窟野河、无定河、延河、汾河、渭河、沁河、伊洛河、大汶河等重点支流水环境治理与水生态系统保护修复，维护生态廊道功能。

"面"方面，聚焦以三江源、祁连山、甘南、若尔盖等重点生态功能区为主的黄河源头水源涵养区，以内蒙古高原南缘、宁夏中部等为主的荒漠化防治区，以陇东、陕北、晋西北黄土高原为主的水土保持区，以汾河、涑水河、乌梁素海为主的重点河湖水污染防治区，以黄河三角洲湿地为主的河口生态保护区、以汾渭平原为主的大气污染防治区，以矿产资源开发集中区等为主的土壤污染风险管控区，系统推进"七区"生态环境综合治理。着力提升黄河源区水源涵养功能，推进西北荒漠化防治区与黄土高原水土保持区修复治理，恢复黄河三角洲区域湿地生态功能，全面改善重点河湖水环境质量与汾渭平原大气环境质量，强化矿产开发集中区和土地开发强度较高地区的土壤污染风险管控。

"点"方面，推进乌梁素海、红碱淖、东平湖、沙湖等重点湖库系统保护；以甘肃省白银市，青海省西宁市，陕西省宝鸡市、商洛市，河南省三门峡市、洛阳市等地区和涉重金属企业为重点，推进土壤污染防控。强化藏羚羊、雪豹、野牦牛、土著鱼类、鸟类、珍稀植物等重要的野生动植物栖息地。

7.2.2　构建"一干两区三湖多廊"生态安全格局

通过识别对维护国家和区域生态安全具有重要作用的生态功能极重要区和生态环境极敏感脆弱区，建议构建以黄河流域"一干两区三湖多廊"为框架的生态安全格局，稳固提升黄河流域生态屏障功能。

"一干"指黄河干流以及沿岸湿地区域，需要优化黄河干流分水方案，提升黄河干流水域纳污能力的动态评估管理，协调河道内外生态用水需求，保障黄河干流安全健康。

"两区"指黄河源区和河口三角洲区域，黄河源区可建立生态产品价值实现国家综合试验区，实施生态产品供给保障重大工程，探索生态产品价值实现机制，推进生态产品生产与乡村振兴协同融合，进一步提升水源涵养能力；黄河三角洲区域持续恢复湿地生态系统服务功能，重塑河流与湿地空间交融，维护本地鱼类栖息地，保障防洪安全、增值自然资源资产，持续支撑高效生态经济区建设。

"三湖"包括乌梁素海、红碱淖和东平湖，乌梁素海作为河套地区农田排水接纳区，应强化乌梁素海湿地生态系统调控水量、净化水质、控制河套地区盐碱化的重要作用；红碱淖区域重点协调降低煤矿开采对地下水潜流的影响，保护遗鸥等重要物种栖息地；东平湖是南水北调东线的主要调蓄湖和滞蓄黄河洪水的大型水库，应推进河湖综合治理、滞洪区安居工程。

"多廊"指湟水、大通河、大夏河、清水河、大黑河、无定河、伊洛河、庄浪河、泽曲等主要支流，重点恢复沿河自然湿地、滩区等河岸线生态空间，恢复河流宽度和连通性。

将黄河流域"一干两区三湖多廊"生态安全格局纳入国土空间规划体系予以考虑。制定黄河流域国土空间规划生态指引，全面贯彻生态优先绿色发展理念，优化经济社会发展布局。一是明确上、中、下游生态空间布局、生态功能定位和生态保护目标，分区落实流域绿色发展战略，保障全局安全。上游以三江源、祁连山、甘南黄河上游水源涵养区等为重点，推进实施生态保护修复重大工程。中游地区重点加强水土流失和水环境综合整治，加快汾河、渭河等支流综合治理，敏感区因地制宜制定和实施更严格的工业行业污染物排放限值。下游滩区积极稳妥推进滩区移民，恢复滩区岸线湿地功能，河口地区加强河岸带和滩涂岸线生态保护修复，提高生物多样性，逐步恢复三角洲湿地生态系统功能。二是引导地方各级各类相关规划中生态、农业、城镇空间科学布局。实施流域生态空间与生态保护红线管控，建立黄河流域生态保护红线管控制度，统筹流域自然保护地体系建设和重要生态功能区建设，按照"山水林田湖草生命共同体"理念推进生态系统生态修复工程。严格城镇和农业空间生态安全管控，加强城镇空间生态环境质量改善，合理布局环境基础设施建设，依据资源环境承载力布局产业门类，管控开发建设行为，以水资源空间分布为基础优化农业结构和土地使用方式。

7.2.3　实施以水定绿的生态修复方案

根据综合植被可利用降水量分布规律，黄河流域适宜种植植被类型由南向北呈条带状分布，依次为森林、灌丛、草原、荒漠植被。南部可利用降水量较多，因此适宜种植森林植被；北部少部分地区及区域零星分布裸地，即综合植被可利用降水量不适宜种植任何植被。将已有林草植被维持管护纳入黄河流域生态修复总体方案，对早期建设的呈退化趋势的林草植被进行修复，巩固已有工程建设成果。

制定适应水资源承载力的林草植被建设与保护方案，优化林草植被建设布局。对流域西北部的荒漠区、东部以森林向灌丛退化为主的局部水资源超载地区进行林草植被改造，栽植或播种相应灌木或草本植物物种，逐渐将现有植物群落恢复到适宜该区域水资源承载力的植物群落，促进植物群落稳定发展。对流域南部以草原向灌丛和森林提升为主、中部以荒漠向灌丛提升为主的局部水资源承载力有盈余地区适度优化配置适水性植被，遵循地理与生态规律，植被沿经度与纬度的水平地带性分布规律、沿海拔的垂直地带性分布规律以及阴坡阳坡由水分与热量不同导致的差异，因地制宜地适当扩大森林与灌木植被。

7.2.4　系统开展山水林田湖草沙一体化保护修复

7.2.4.1　提升上游地区水源涵养功能

上游地区主要包括青海省河源区、四川省若尔盖高原湿地、甘肃省甘南山地、青海省湟水流域、甘肃省兰州白银沿黄地区、宁夏回族自治区清水与苦水河、内蒙古自治区呼包鄂城市群、甘肃省天定（天水、定西）—平庆（平凉、庆阳）地区、宁夏回族自治区沿黄经济带、内蒙古自治区河套灌区及乌梁素海地区等。其中，青海省河源区、四川省若尔盖高原湿地具有重要的水源涵养功能，对整个流域产水量起着十分关键的作用，是维持全流域生态系统健康的根本保障。因此，在推进全流域生态系统整体保护修复过程中，必须要优先推进上游地区生态保护修复，恢复提升水源涵养功能。

加强三江源地区生态保护修复，筑牢"中华水塔"。以青海省河源区为重点，建议国家继续推进实施三江源地区生态保护修复重大工程，实施山水林田湖草系统综合治理，有效恢复生物多样性，实现生态良性循环。采取禁牧封育等措施，加强高寒草甸、草原等典型高寒生态系统以及重要沼泽湿地保护。加大对扎陵湖、鄂陵湖、约古宗列曲等河湖保护力度，严格河湖自然岸线空间管控，全面禁止河湖周边采矿、采砂、渔猎等活动。实施珍稀濒危野生动植物繁育行动，开展濒危鱼类增殖放流，建立高原生物种质资源库，有效维护高寒高原地区生物多样性。

加强退化湿地草原保护修复，保护黄河重要水源补给地。上游青海省河源区、四川省若尔盖高原湿地、甘肃省甘南山地等地区河湖湿地资源丰富，是黄河水源的主要补给地。应严格保护国际重要湿地、国家级湿地自然保护区等重要湿地生态空间，加大对甘南黄河、若尔盖草原湿地等重点生态功能区湿地治理修复力度，统筹推进封育造林和天然植被恢复，提升水源涵养能力。开展上游地区草地资源承载力综合评价，全面落实禁牧、休牧、轮牧和草畜平衡制度，推动以草定畜、定牧、定耕，加大退耕还草、退牧还草力度，降低草原载畜量，恢复草地生态功能。积极探索草原鼠天敌物种人工繁殖和野外放养等生物措施，加强退化草原鼠虫害及毒害草的生物防治，修复草原生态系统食物链和生态平衡。开展草种改良，科学治理玛曲县、碌曲县、红原县、若尔盖县等地区退化草地草场，促进草原植被恢复。完善和提高草原生态保护补偿标准，引导牧民参与草原生态管护，在生态功能极重要、生态系统极脆弱区实施生态移民与搬迁。

加强鄂尔多斯高原风沙荒漠治理。以内蒙古自治区呼包鄂城市群、河套灌区及乌梁素海地区为重点，总结推广库布齐沙漠、毛乌素沙地、八步沙林场等荒漠化治理成功经验和典型模式，创新沙漠治理体制，以国土绿化带筑牢北方防沙带。在适宜地区设立沙化土地封育保护区，科学实施固沙治沙防沙工程。在开展水资源承载力评价基础上，以内蒙古高原南缘、宁夏中部 2 个重点区域为主，有序实施荒漠化治理、"三北"防护林建设、退耕还林、退牧还草、林草生态保护修复等重大工程，因地制宜建设乔灌草相结合的沙漠防护林体系，有效遏制沙化与荒漠化趋势。发挥黄河干流生态屏障和祁连山、六盘山、贺兰山、阴山等山系阻沙作用，在主要沙地边缘实施锁边防风固沙工程，大力治理流动沙丘。推动上游黄土高原水蚀风蚀交错、农牧交错带水土流失综合治理。同时积极探索和推广沙地治理与资源化利用、绿色产业发展等新模式，促进沙区生态治理与经济协同发展。

实施河套灌区修复治理。加强城镇生活及农业面源污染治理，严格控制化肥农药施用，不断降低排干污染物。开展排干沟治理、人工湿地、生态补水等工程措施，优化河套灌区给排水网络和调水供水模式，尽可能地减少水资源不合理浪费。继续推进乌梁素海、沙湖等湖泊水生态修复，在加大外源调水力度的同时，生物措施与工程措施相结合，重点做好灌区退水控污和湖体内源减污，恢复湖体生物多样性和湖泊健康。

7.2.4.2　加强中游黄土高原地区水土保持能力

中游地区主要包括陕西省榆林北部地区、山西省太原城市群、山西省晋西黄土高原区、山西省晋东南区域、陕西省延安地区。黄土高原具有重要的水土保持功能，关系到中、下游地区的防洪与生态安全。在当前黄河流域新的水沙形势下，仍要持续抓好黄土高原水土保持，持续开展退耕还林还草，加大水土流失综合治理力度。

科学实施植被保护恢复。以晋西黄土高原区、晋东南区域、榆林北部地区为重点，坚持宜林则林、宜草则草、宜封则封、宜田（梯田）则田、宜坝（淤地坝）则坝，科学调整黄土高原治理策略。加大水源涵养林建设区封山禁牧、轮封轮牧、封育保护力度，促进森林植被自然恢复。加强现有森林资源管护，实施低质低效林改造，提升森林生态系统水土保持功能。加强水分平衡论证，遵循黄土高原地区植被地带分布规律和水土资源承载力，科学设定未来退耕还林、人工造林等植被恢复工程规模和布局。采用林、灌、草相结合，因地制宜加强植被建设。

持续推进水土流失综合治理。以多沙粗沙区为重点，因地制宜开展"梁、塬、坡、沟、川"综合治理，继续推进黄土高原塬面保护、病险淤地坝除险加固、贫困地区小流域综合治理、坡耕地综合整治等水土保持重点工程。在晋陕蒙丘陵沟壑区积极推进粗泥沙拦沙减沙工程，以陇东董志塬、晋西太德塬、陕北洛川塬等塬区为重点，实施黄土高原固沟保塬项目。以甘宁青山地丘陵沟壑区等为重点，开展以坡改梯和雨水集蓄利用为主的小流域综合治理。加强淤地坝规范化建设，在重力侵蚀严重、水土流失剧烈区域建设高标准淤地坝；加强病险淤地坝排查和除险加固，提高管护能力。探索创新水土流失治理与乡村振兴融合发展模式，促进区域生态与经济协调发展。

7.2.4.3　推进下游滩区及黄河三角洲修复治理

下游主要包括河南省黄河干流区、河南省沁河流域、河南省伊洛河流域、山东省大汶河流域、山东省黄河河口区。下游滩区人类活动强度相对较高的区域，同时肩负着提供优质生态产品与保障人居环境安全的重任，建议重点实施黄河三角洲湿地保护修复，建设黄河下游生态走廊，有序推进下游滩区综合治理。

实施黄河三角洲湿地保护修复。以山东省黄河河口区为重点，根据河口湿地生态需水情况，科学制定生态水量调度方案，落实河口生态流量（水量）指标与过程管理，稳定河口流路。加快推进退塘还河、退耕还湿、退田还滩，实施清水沟、刁口河流路生态补水等工程，连通河口水系，扩大自然湿地面积。开展河口湿地演变趋势评估，科学分析上游来沙量降低造成的生态影响，防止土壤盐渍化和咸潮入侵，恢复黄河三角洲岸线自然延伸趋势。加强盐沼、滩涂和河口浅海湿地生物资源保护，探索利用非常规水源补给鸟类栖息地，促进河口湿地生物多样性恢复。减少油田开采、围垦养殖、港口航运等经济活动对湿地的影响。

建设黄河下游绿色生态走廊。以山东省黄河河口区、大汶河流域为重点，统筹河道水域、岸线和滩区生态建设，提升河道自然岸线保育率，实施河道两岸湿地生态系统修复、生态防护林和国家储备林建设，因地制宜建设沿黄城市森林公园，建设下游地区集防洪护岸、水源涵养、水土保持、防风固沙、生物多样性维护等功能于一体的黄河下游生态绿色走廊。加强大汶河、东平湖等下游主要河湖生态保护修复力度，实施河湖周边水源涵养林建设、岸堤植被恢复等工程，恢复河湖水系廊道功能。

有序推进滩区生态综合治理。以山东省黄河河口区为重点，科学研究、合理划定滩区功能分区，将滩区利用、保护修复、综合治理等纳入各省国土空间规划，合理调整永久基本农田、重大基础设施和重要生态空间等相冲突的用地，规范国土空间开发与保护布局。因滩施策、综合治理下游滩区。继续实施滩区居民迁建工程。加强滩区水源和优质土地保护修复，有序利用滩区土地资源，依法打击非法采土、滥挖河沙、私搭乱建等行为。加强滩区湿地生态保护修复，构建滩河林田草综合生态空间，筑牢下游滩区生态屏障。有序实施下游引黄灌区沉沙区水土流失和土地沙化综合治理。

7.2.4.4　强化生态廊道与生态节点保护修复

强化重要生态节点保护恢复。推进乌梁素海、红碱淖、东平湖、沙湖等重点湖库系统保护；以甘肃省白银市，青海省西宁市，陕西省宝鸡市、商洛市，河南省三门峡市、洛阳市等地区和涉重金属企业为重点，推进土壤污染风险防控。强化藏羚羊、雪豹、野牦牛、土著鱼类、珍稀植物等重要的野生动植物栖息地的保护性恢复。

系统推进生态廊道保护治理。巩固黄河干流水环境质量，保障生态流量，确保水生态安全健康。推进湟水、洮河、窟野河、无定河、延河、汾河、渭河、沁河、伊洛河、大汶河等重点支流水环境治理与水生态保护修复，维护生态廊道功能。

实施重点生态区修复。重点是以三江源、祁连山、甘南、若尔盖等重点生态功能区为主的黄河源头水源涵养区，以内蒙古高原南缘、宁夏中部等为主的荒漠化防治区，以陇东、陕北、晋西北黄土高原为主的水土保持区，以汾河、涑水河、乌梁素海为主的重点河湖水污染防治区，以黄河三角洲湿地为主的河口生态保护区、以汾渭平原为主的大气污染防治区，以矿产资源开发集中区等为主的土壤污染风险管控区，系统推进区域生态环境综合治理工程。着力提升黄河源区水源涵养能力，推进西北荒漠化防治区与黄土高原水土保持区修复治理，逐步恢复黄河三角洲区域湿地生态功能，改善重点河湖水环境治理与汾渭平原大气环境质量，强化矿产开发集中区和土地开发强度较高地区的土壤污染风险管控。

7.2.5　优化自然保护地体系，强化自然生态监管

构建以国家公园为主体的自然保护地体系，通过加强生态保护红线、自然保护地等重

点领域监管，以及各类资源开发和生态破坏活动、生态保护修复工程实施全过程监管，推动落实各地区生态保护修复主体责任，提高生态保护修复治理成效。

（1）构建以国家公园为主体的自然保护地体系

截至 2020 年年底，黄河流域自然保护区总面积约 26.765 4 万 km²，占黄河流域总面积的 33.67%。目前全国自然保护区占国土陆域面积约 18%，黄河流域自然保护区的面积占比远超全国平均水平。总体来看，作为黄河流域自然保护地的基础，黄河流域上、中游自然保护区的数量和面积基本上不需要增加，下游自然保护区的数量和面积可适当增加，但关键在于提质增效，弥补保护空缺，提高自然保护区的管理成效，以维护自然生态系统的稳定、重要物种稳定和增长、生态保护修复效果为主。建议近期建设青海湖、山东黄河口国家公园，远期以贺兰山、宁夏六盘山、内蒙古大青山、陕西延安子午岭等为重点建设国家公园。

（2）强化自然保护地生态保护监管

每年定期开展"绿盾"自然保护地强化监督，组织常态化遥感监测和实地核查，并将自然保护地生态环境评估结果、建设质量、管理水平等内容纳入所在地政府生态文明建设目标评价考核体系。健全自然保护地生态环境问题台账管理、跟踪督促、整改销号等制度，严厉查处和坚决遏制各类违法违规问题。加强野生动植物保护监管，对发现的破坏野生动植物资源等问题线索，及时移交相关部门依法解决处理。

（3）加强生态保护红线监管

开展流域生态保护红线生态环境本底调查监测，加强生态保护红线内各类违法违规人类活动的遥感监测与地面核实。推动完善 9 省（区）生态保护红线监管平台业务化运行，建立生态破坏活动监测预警机制，加强生态保护红线面积与结构、功能、用地（用海）性质和管理实施情况的监控预警。建立各省（区）、各部门间生态保护红线生态破坏问题发现、移交、处置、监管机制，及时开展调查核实、追责问责并督促相关责任主体落实整改，坚决遏制生态保护红线生态破坏行为。定期开展生态保护红线保护成效评估考核，并将考核结果纳入生态文明建设目标评价考核体系。落实领导干部生态保护红线生态破坏问题责任追究制度。

（4）开展各类资源开发和生态破坏活动监管

建立生态环境、自然资源、林业草原等各部门联动执法机制，定期组织对各类自然资源开发活动生态破坏问题专项执法检查，严厉查处各类违法活动。依托生态环境监测网络与监管平台，重点加强流域内矿产开发、修路、筑坝、河道采砂、城镇建设、旅游等各类开发活动，以及自然岸线改造破坏等人类活动的常态化监督和业务化监控，及时发现、制止、报告和严肃查处各类资源开发违法行为和生态破坏行为，并开展相关问题专项整改。

（5）强化生态保护修复工程全过程监管

沿黄 9 省（区）各级生态环境部门负责对本地区生态保护修复重大工程开展全过程生

态保护监督管理。工程设计阶段，加强工程实施方案和可研、初设环节的技术评估审核；工程实施阶段，加强实施过程监督检查，对存在二次生态破坏隐患的及时提出整改要求；工程实施后，组织开展工程实施成效评估，科学制定下一阶段生态保护修复工程布局。加强对生态保护修复工程违反自然规律的"伪生态""一刀切"等生态形式主义问题的监督。对工程措施执行不到位、责任不落实，或者存在重大生态环境破坏、重要生态空间明显减少、生态功能明显降低等问题，视情况纳入中央生态环境保护督察，重大问题及时上报国务院。

7.2.6　开展重点问题、重点区域和重点行业综合治理

全面推进污染严重水体环境治理。强化生活污染防治，以黑臭水体治理为着力点，补齐城镇污水收集和处理设施短板。重点实施湟水河、泾河、太原城市群等流域区域城镇污水处理设施提标改造及配套管网建设。持续推进煤化工、有色金属冶炼等高耗水高污染企业水污染物减排，分区施策开展水环境综合整治。集中治理鄂尔多斯、榆林市等工业集聚区的水污染，落实企业治污责任，确保稳定达标排放。制定汾渭平原和河套灌区粮食主产区农田退水污染控制方案，采取生态拦截沟、测土施肥等多项措施，推行生态灌区建设，综合治理农田面源污染。

着力改善汾渭平原大气环境质量。对汾渭平原城市及包头市、乌海市、鄂尔多斯市、西宁市、兰州市，加快完成钢铁企业及独立焦化企业超低排放改造，其他城市分阶段逐步推进实施钢铁行业超低排放改造。按照"淘汰一批、替代一批、治理一批"的原则，实施工业炉窑大气污染综合治理。加快淘汰落后产能和不达标工业炉窑，推进工业炉窑大气污染综合治理。实施燃料清洁低碳化替代，玻璃行业全面禁止掺烧高硫石油焦（硫含量大于3%）。深入推进工业炉窑污染深度治理，加大无组织排放治理力度，严格控制工业炉窑生产工艺过程及相关物料储存、输送等环境无组织排放。以石化、化工、工业涂装、包装印刷等行业为重点，强化重点行业 VOCs 综合治理，大力提升 VOCs 废气收集处理设施的收集率、处理率、运行率。大力推进含 VOCs 产品源头替代，全面实施无组织排放达标管控。

开展产业集群综合整治。针对汾渭平原的焦化、铸造、氧化铝、化工等特色产业集群，结合"三线一单"、区域环评、规划环评等政策要求，确定集群产业发展定位和规模，建设循环经济工业园区。促进吕梁市、晋中市、临汾市、运城市、渭南市的焦化，晋中市、洛阳市、吕梁市的铸造，运城市的铝镁，渭南市的化工等产业集群向集约、绿色、高端集群产业发展。汾渭平原煤炭洗选企业较多的城市制定专项整治方案，规模小、环保设施达不到要求的企业实施淘汰、整合；保留的企业要实施深度治理，全面提升煤炭储存、装卸、输送以及筛选、破碎等环节无组织排放控制水平。

实施土壤污染风险管控和修复行动。以土壤重金属超标、金属矿采选及冶炼等区域周边为重点，开展涉镉等重点重金属行业企业排查，建立土壤污染源整治清单。以矿产资源

开发集中区域为重点，开展历史遗留矿区、尾矿库、废渣堆存情况全面排查，积极推动尾矿库综合整治。在甘肃省白银市、甘南藏族自治州，青海省西宁市，陕西省宝鸡市、渭南市、商洛市，河南省三门峡市、洛阳市、济源市等受污染耕地集中区域，启动黄河流域受污染耕地安全利用示范工程；以甘肃省白银市，青海省西宁市，陕西省宝鸡市、商洛市，以及河南省三门峡市、洛阳市等矿产资源开发集中区域为重点，开展农用地"断源行动"；以洛阳市栾川县、焦作市孟州市、济源市等区域为重点，启动重金属减排工程，实施落后产能淘汰、工艺提升改造、治理设施提标等工程。实施土壤污染治理重大工程，以郑州市、济南市等中心城市为重点，启动土壤污染风险综合管控示范区建设。启动化工、石油加工、有色金属冶炼等典型行业土壤污染风险管控与绿色可持续修复试点示范工程。

以中心城市为引领建设生态环境质量综合改善示范区。郑州市、济南市等中心城市集中了流域在空间、人口、资源和政策上的主要优势，但城镇生态环境质量改善速度总体滞后于城镇化发展和人民群众对美好生活需求的快速提升，建议推进一批中心城市生态环境质量综合改善示范区建设。以郑州市、济南市等中心城市为重点治理单元，实施生态系统保护修复；推进水功能区划优化调整、良好水体保护、工业园区生态化改造；推行超低排放改造、工业窑炉综合治理、机动车污染防治、挥发性有机物综合治理；开展废气与废渣、污水与污泥协同治理；实施土壤污染风险管控与修复。综合运用现代环境治理技术和装备，打通各环境要素治理链条，实现区域人居环境质量整体改善，树立现代城市环境治理典范。

7.3 以"清洁低碳"为核心加快能源多元转型

依托风电和光伏发展潜力，增加可再生能源比重，提高能源利用效率，发展建设现代化清洁低碳能源流域，以"双碳"目标倒逼总量减排、源头减排、结构减排，推进污染物和二氧化碳综合治理、协同增效。

7.3.1 加快发展绿色低碳能源

发展多元化能源体系。推动燃煤型发电向"清洁煤电+风电+光伏+生物质+硅能源+氢能源"多元化能源体系发展。上游充分利用沙漠、戈壁、荒漠地区风光资源发展光伏、风电等新能源；中游地区充分发挥石化能源优势，建立风光火储一体化开发基地，推动氢能产业链发展；下游地区依托"三角洲"临海优势，发展海上风电，建立液化天然气接卸基地。

提高能源利用效率。黄河流域应逐步推动煤电节能降碳改造、灵活性改造、供热改造"三改联动"。推进重点用能行业节能技术工艺升级，鼓励电力、钢铁、有色、石化化工等行业企业对主要用能环节和用能设备进行节能改造。加大氢能、生物燃料、垃圾衍生燃料等替代能源在钢铁、水泥、化工等行业的应用。

　　加大散煤治理力度。按照"宜电则电、宜气则气、宜煤则煤、宜热则热"的原则加快推进台塬阶地和丘陵地区散煤替代。优先推进城中村、城乡接合部及城市上风向散煤治理。同步推动建筑能效提升，新建建筑严格执行节能强制性标准，推动城市具备改造价值的既有建筑节能改造，推动新建节能农房和既有农房节能改造，提高能源利用效率。重点降低山西省散煤使用量和使用强度。对于临汾市等贫困地区加大清洁取暖资金补贴力度，实施差异化的补贴政策。加强对原煤开采和进口、洗选、终端利用和污染物控制的全链条、全范围的严格监管和控制，保证煤炭源头高品质、高效率利用和污染严控制，促进煤炭清洁高效利用。

　　实施煤炭全面提质战略。推进煤炭分质梯级利用，降低工业锅炉、窑炉、民用等中小用户消费量，提高行业集中度。全面推进电厂超低排放，管控分散、高污染的民用散烧煤和 10 t 以下的燃煤工业锅炉，促进煤炭采取大规模集中发电、供热和化工转化等集约化利用方式。

　　增强气、电及可再生能源的经济性和竞争力。建设完善电网、气网、热网、油网等能源基础设施，降低能源输送成本，形成区域互联和统一协调调度。发展可再生能源和分布式供能，扫清上网体制障碍，加快解决"弃风限电"问题，推进可再生及分布式能源供给侧结构性改革，降低可再生能源投资运行成本。加大"西气东输"供气能力，提高煤层气、页岩气开发开采技术水平，保障天然气充足供应。促进煤炭和使用全能源链条的清洁高效利用，提高直接燃用的煤质要求。

　　注重科技进步推进能源转型。推进以先进信息和网络技术为支撑的智慧煤矿建设和煤炭无害化开采技术研发，加强以新型煤化工技术为突破口的煤炭清洁高效利用。探索天然气水合物的开发示范与技术储备。支持清洁能源发电技术取得重大突破，包括气电核心的热端部件技术、大型风电机组及部件关键技术、光伏与光热高效发电技术、氢能与燃料电池技术、先进储能技术、"互联网+"关键技术等。支持交通运输领域的清洁能源技术开发，鼓励插电式、非插电式及增程式电动汽车发展，因地制宜发展天然气汽车等替代燃料汽车，加快推进车用清洁能源的转换。

　　统筹推进"煤改气""煤改电"工作。新增天然气量优先用于城镇居民和大气污染严重地区的生活和冬季取暖散煤替代，重点支持京津冀及周边地区和汾渭平原，实现"增气减煤"。有序发展天然气调峰电站等可中断用户，原则上不再新建天然气热电联产和天然气化工项目。限时完成天然气管网互联互通，打通"南气北送"输气通道。加快储气设施建设步伐，地方政府、城镇燃气企业和上游供气企业的储备能力达到量化指标要求。建立完善调峰用户清单，采暖季实行"压非保民"。加快农村"煤改电"电网升级改造。鼓励推进蓄热式等电供暖。地方政府对"煤改电"配套电网工程建设应给予支持，统筹协调"煤改电""煤改气"建设用地。

　　加快推进燃煤锅炉综合整治。加大燃煤小锅炉淘汰力度，县级及以上城市建成区基本淘汰每小时 10 蒸吨及以下燃煤锅炉及茶水炉、经营性炉灶、储粮烘干设备等燃煤设施，原则上不再新建每小时 35 蒸吨以下的燃煤锅炉，基本淘汰每小时 35 蒸吨以下燃煤锅炉，每小时 65 蒸吨及以上燃煤锅炉全部完成节能和超低排放改造；燃气锅炉基本完成低氮改造；城市建成区生物质锅炉实施超低排放改造。

7.3.2 推动产业结构战略性调整

充分发挥环境承载力在区域发展中的"调节阀"作用。充分发挥环境功能区划、环境影响评价、污染物总量控制和行业准入等政策制度在区域经济发展中的"防火墙"和"助推器"作用。通过提高环保准入门槛、严格环评审批、强化环境监管等措施，严格控制两高一资、产能过剩、重复建设行业的规模及准入门槛。加快优化现有企业布局。城市建成区重污染企业搬迁改造或关闭退出，推动实施一批焦化、钢铁、化工等重污染企业搬迁工程及落后产能淘汰。

开展产业集群综合整治。制定综合整治方案，建设清洁化产业集群。按照"标杆建设一批、改造提升一批、优化整合一批、淘汰退出一批"的总体要求，统一标准、统一时间表，从生产工艺、产品质量、安全生产、产能规模、燃料类型、原辅材料替代、污染治理等方面提出具体治理任务，加强无组织排放控制，提升产业发展质量和环保治理水平。吕梁市、晋中市、临汾市、运城市、渭南市焦化行业应着眼长远，向链条化、园区化、高端化发展，建立焦化企业全流程标准化管理制度，提升技术装备水平。晋中市、洛阳市、吕梁市铸造企业应加速产业集聚和转型升级，园区配备集中供热、喷涂、喷塑、电镀中心。汾渭平原煤炭洗选企业较多的城市应制定专项整治方案，规模小、环保设施达不到要求的企业要实施淘汰、整合；保留的企业要实施深度治理，全面提升煤炭储存、装卸、输送以及筛选、破碎等环节无组织排放控制水平。

建立"散乱污"动态管理机制。根据产业政策、产业布局规划以及土地、环保、质量、安全、能耗等要求，完善"散乱污"企业认定标准和整治要求，定期开展"散乱污"企业及集群排查工作，实行"网格化"管理。重点是化工、有色金属冶炼、机械加工、塑料、铸造、木材加工、石灰窑、砖瓦窑、耐火材料、水泥粉磨站、混凝土搅拌站、石材加工、印刷、家具等小型加工制造企业。

对"散乱污"企业集群要实行分类处置。对关停取缔类，做到"两断三清"(切断工业用水、用电，清除原料、产品、生产设备)，防止死灰复燃。对整合搬迁类，依法依规办理相关审批手续，整合提升，设立规模、污染防治水平等入园门槛，提高现代化管理水平。对升级改造类，对标先进企业实施深度治理，改变"脏乱差"生产环境，同步推进非生产区环境整治工作。吕梁市、临汾市、晋中市、运城市应着重涉焦炭上、下游"散乱污"企业。临汾市、运城市应着重涉钢铁上、下游"散乱污"企业。晋中市、洛阳市、吕梁市、临汾市应着重涉铸造"散乱污"企业。晋中市、吕梁市、宝鸡市、铜川市应着重涉建材"散乱污"企业。

7.3.3　推进可持续高效率交通系统发展

促进公路货运向铁路转移。因地制宜,根据各城市货物运输特征,推进区域交通设施的一体化规划和统筹建设,提升交通运行效率。充分释放提升蒙冀、瓦日铁路及有关企业铁路线运能;建设煤炭、钢铁、电解铝、电力、焦化、汽车制造等大型工矿企业和物流园区铁路专用线,提高钢铁专用线接入比例和大宗货物铁路运输比例。具有铁路专用线的大型工矿企业和新建物流园区,煤炭、焦炭、铁矿石等大宗货物铁路运输比例原则上达到 80% 及以上。

构建超低-零行驶排放的新能源交通系统。加快推进城市建成区新增和更新的公交、环卫、邮政、出租、通勤、轻型物流配送车辆采用新能源或清洁能源汽车,使用比例达到 80% 及以上;积极推广应用新能源物流配送车,集疏港、天然气气源供应充足地区应加快充电站及加气站建设,优先采用新能源汽车和达到国六排放标准的天然气等清洁能源汽车,在物流园、产业园、工业园、大型商业购物中心、农贸批发市场等物流集散地建设集中式充电桩和快速充电桩。鼓励各地组织开展燃料电池货车示范运营,建设一批加氢示范站,优化承担物流配送的城市新能源车辆的便利通行政策。

强化柴油车和非道路移动机械排放控制。实施清洁柴油机行动计划,加快制定柴油机排放标准,对高排放的柴油机机型淘汰;加强先进技术应用,在车辆和发动机上安装颗粒物捕集器,使细颗粒物浓度和颗粒数浓度、黑碳等污染物排放大幅削减。加快淘汰国三及以下排放标准的柴油货车、采用稀薄燃烧技术或"油改气"的老旧燃气车辆。各地要加强对"油改气"和采用稀薄燃烧技术的车辆定期检验监管,严禁"油改气"车辆在定期检验时使用汽油通过检测。启动非道路移动源的排放综合控制,以城市建成区内施工工地、物流园区、大型工矿企业以及机场、铁路货场等为重点,制定非道路移动机械排放控制方案。

统一标准建立机动车污染监控体系。同步升级油品标准,推进普通柴油和车用柴油并轨。组织开展清除无证无照经营的黑加油站点、流动加油罐车专项整治行动,严厉打击生产销售不合格油品行为。加大对炼油厂、储油库、加油(气)站和企业自备油库的抽查频次;并加强使用环节监督检查,在具备条件的情况下从柴油货车油箱、尿素箱抽取样品进行监督检查。构建区域统一的移动源环保管理和执法平台,加强部门间联合执法,对成品油生产、运输和销售等流通环节进行全过程监管。对于年销售汽油量大于 5 000 t 的加油站,加快推进安装油气回收自动监控设备并与生态环境部门联网,开展储油库油气回收自动监控试点。

7.3.4　推进低碳城市试点

推动低碳试点省(市)发挥示范作用,分阶段分区域实现碳达峰。鼓励甘肃省平凉市、河南省焦作市、宁夏回族自治区中卫市等已经具有碳达峰趋势的城市在 2025 年前实现碳达峰；河南省安阳市、甘肃省天水市以及陕西省西安市、宝鸡市、渭南市等碳排放已经处于平台期的城市在 2025 年前后实现碳达峰。强化实现碳达峰目标的过程管理，科学确定黄河流域各省（区）单位国内生产总值的碳排放强度目标和实施计划。

深化低碳试点示范。推动近零碳排放和碳中和示范区建设，结合地域、行业特点，建设一批零碳城市、零碳社区、零碳园区。在陕西省、山西省、内蒙古自治区等具备工作基础和先天条件的区域，推进二氧化碳捕集、利用和封存等重点工程部署和集群建设。选择低碳发展基础好、意愿强烈的地区和城市，开展环境质量达标和碳排放达峰"双达"试点示范。

7.3.5   加快重点领域和行业低碳转型

加强煤电、钢铁、建材、有色、石化等高耗能行业的碳排放总量控制，严格管控内蒙古自治区、宁夏回族自治区、陕西省、山西省等省（区）新增煤电和煤化工项目的碳排放强度和排放总量。严格控制产业结构调整目录中高耗能行业项目准入，淘汰二氧化碳排放较高的落后产能。推进"煤改气""煤改电"进程，实施工业用煤减量替代，提高工业电气化水平。鼓励有条件的企业自主开发利用可再生能源，开展工业园区和企业分布式绿色电网建设，持续推进绿色建造体系，推动产业绿色低碳转型。在黄河上、中游能源化工基地，加强高标准绿色低碳循环现代化能源示范园区建设。依托北方地区清洁采暖等重大工程，深入推进黄河流域北方城市建筑用能清洁改造。推动可再生能源在建筑领域的大规模应用，到 2030 年，可再生能源替代民用建筑常规能源消耗比重超过 8%。探索建立零碳建设评价标准体系，在新建大型公共建筑进行零碳建筑试点。推进航空、铁路、公路、航运的清洁能源替代，逐步实现铁路电气化，城市公共交通和物流配送车辆全部实现电动化、新能源化。完善低碳出行基础设施建设，构建智慧型交通运输体系，提高城市绿色车型比例；在物流园区、客运枢纽、港口等范围内构建智能化、信息化基础交通设施，强化低碳管理运营，形成智能化、低碳化、立体互联的综合城市交通网络。

7.3.6   采取基于自然的解决方案（NBS）的气候变化对策

在黄河上游三江源、祁连山、甘南等水源涵养区，加强高寒草地、农牧交错区生态系统保护，宜林则林、宜田则田、宜草则草，统筹山水林田湖草沙一体化保护修复。强化青海湖草原湿地、黄河入海口湿地的自然生态保护恢复，增加湿地碳汇储量。合理布局城市绿心、绿廊等绿地系统，实施城市河网、水系连通建设，推动城乡基础设施建设向适应气候变化方向转变，制定或修订相关的标准、规范和政策。提升供电、供热、排水、燃气、通信等城市生命线系统适应极端天气的建设标准。

7.4　以"多方联动"为核心完善协同政策体系

从区域协调发展的战略视角出发，优化流域水资源配置、完善流域生态补偿机制、建立联席会议制度、构建流域生态安全格局等，以中心城市和城市群带动周边城市发展，实现黄河流域上、中、下游及左右两岸生态保护和高质量发展相协同。

7.4.1　建立上、中、下游协同治理机制

探索建立"统一规划、统一标准、统一环评、统一监测、统一执法、统一应急"的黄河流域上、中、下游生态环境保护联动机制；加强全流域生态环境执法能力建设，完善跨区域跨部门联合执法机制；完善全流域水沙调控体系，统筹推进上游地区水源涵养、中游地区水土保持以及下游地区滩区治理和防洪建设，实现上、中、下游水沙协同共治；建立黄河流域大数据平台，对水资源、水环境、水生态、水灾害等进行统一监测与管理。

通过建立黄河流域 9 省（区）生态保护与高质量发展联席会议制度，促进减灾与高质量发展相协调。进一步完善黄河水沙调节以及水资源丰枯季调整机制，全力保障黄河流域生态用水与生活用水供应量，缓解黄河流域季节性干旱缺水的现状；建立和完善流域水土保持以及污染治理监督机制，继续完善和制定有关管理办法，实现黄河中游水土保持管理工作的规范化、制度化；明确黄河干支流污染源头，加大污染治理力度，对于未污染的河段进行实时监测与保护。建立跨部门、跨行政区的黄河流域信息平台，增强流域综合调控和管理能力。建立跨省（区）突发水污染事件联防联控机制，推动毗邻省（区）协同开展水环境污染治理。

依据黄河流域产业发展、流域治理、社会发展等整体状况，设计高质量协同发展路径；加快流域内各城市群之间及内部交通（高铁、民航、高速、信息网络等）建设，推动建立省际间政府搭建沟通平台、企业主体深度参与、社会组织发挥积极作用的跨区域合作机制；加强城市群的规划、协调与对接，明确区域合作重点领域，通过协调中原城市群与山东半岛城市群，发挥两大城市群在全流域的龙头带动作用，促进多地区协调发展；出台产业转型升级引导政策，促进产业体系优化调整，中心城市大力发展高新技术产业，构建以知识密集型产业、环境友好型产业为主体的现代产业体系。

7.4.2　健全流域生态补偿机制

以《支持引导黄河全流域建立横向生态补偿机制试点实施方案》为依据，以水资源、水环境为重点，加快推动黄河流域跨区域生态补偿全面落地。建立黄河流域生态补偿机制管理平台，统筹流域内水、土壤、大气、森林、草原、矿产资源等各个环境资源要素，推动黄河流域 9 省（区）在干流、主要支流、重要湖泊湿地及饮用水水源地等水质敏感区域

所在的地方人民政府之间加快建立多元化横向补偿机制，加快推进碳汇交易、水权交易、排污权交易等市场化补偿机制。

加快搭建黄河流域生态补偿机制工作平台，加大对全流域开展横向生态补偿的指导力度并协调相关事宜，明确各部门和地方在推进黄河全流域横向生态补偿机制中的权、责、利，确定流域保护治理目标、补偿标准、考核措施等，探索开展生态产品价值核算计量，建立生态环境大数据库。鼓励地方以水量、水质为补偿依据，完善黄河干流和主要支流横向生态保护补偿机制，开展渭河、湟水河等重要支流横向生态保护补偿机制试点。

在国家层面健全利益分配和风险分担机制，研究开展黄河流域更大区域、更大跨度的横向生态补偿，完善生态保护成效与资金分配挂钩的激励约束机制，提高上游地区水源涵养和生态保护能力，体现"谁保护、谁受益，谁破坏、谁补偿"的导向。实行更加严格的黄河流域生态环境损害赔偿制度，依托生态产品价值核算，开展生态环境损害评估，提高破坏生态环境的违法成本。

7.4.3　完善流域生态产品价值实现机制

7.4.3.1　分类摸清生态产品底数，推进 GEP 核算及其有效应用

明确资源产权，量化资产价值。建立资产统计核算技术指标体系和计量核算方法，开展自然资源资产清查核算工作。推进三江源、晋陕蒙、黄土高原等重点区域的自然资源统一确权登记，记载登记单元内各类自然资源的数量、质量、种类、分布等自然状况，以及权属状况，同时关联公共管制要求。估算资产经济价值，基本掌握自然资源资产情况，进行合理配置。编制自然资源资产负债表并进行确权，建立自然资源和生态产权制度，作为市场交换、政绩考核和发展水平的评价基础。

加强生态产品调查监测和信息普查。实现土地、矿产、森林、草原、湿地、水、海域海岛等自然资源调查监测数据成果在中央一级的立体化统一管理，形成自然资源调查监测一张底版、一套数据，建立自然资源资产统计综合数据库。积极开展黄河流域生态产品相关信息普查，编制生态产品名录。

开展全流域 GEP 核算及有效应用。考虑全流域及重点区域不同类型生态系统功能属性，体现生态产品数量和质量，开展覆盖各级行政区域的生态产品总值核算。规范化、区域化的 GEP 核算体系作为约束性指标纳入经济社会发展、国土空间规划、美丽中国建设等相关规划在党政领导班子绩效考核、领导干部自然资源资产离任审计等工作中的应用。在绿色发展财政奖补、金融、生态环境保护等领域的广泛运用。开展项目级 GEP 核算，并将其纳入重大项目准入、过程管理及评估全过程。

7.4.3.2　推进生态保护修复和节能减排，着力提高生态产品供给能力

实施上、中、下游差异化生态保护修复。在上游地区，加强三江源地区保护修复，加大对扎陵湖、鄂陵湖、约古宗列曲等河湖保护力度，加强退化湿地草原保护修复，加强鄂尔多斯高原风沙荒漠治理，实施河套灌区修复治理。在中游地区，以晋西黄土高原区、晋东南区域、榆林北部地区为重点，坚持宜林则林、宜草则草、宜封则封、宜田（梯田）则田，宜坝（淤地坝）则坝，科学调整黄土高原治理策略，遵循黄土高原地区植被地带分布规律和水土资源承载力，科学设定未来退耕还林、人工造林等植被恢复工程规模和布局。在下游地区，实施黄河三角洲湿地保护修复，以山东省黄河河口区为重点，加快推进退塘还河、退耕还湿、退田还滩，实施清水沟、刁口河流路生态补水等工程，连通河口水系，扩大自然湿地面积，减少油田开采、围垦养殖、港口航运等经济活动对湿地的影响。

科学管护与建设自然保护地体系。近期建设青海湖、山东黄河口国家公园，远期以贺兰山、宁夏六盘山、内蒙古大青山、陕西延安子午岭等为重点建设国家公园。适当增加流域下游自然保护区的数量和面积，关键在于提质增效，弥补保护空缺，提高自然保护区的管理成效，巩固提升洁净水源、清洁空气、健康土壤等生态产品供给能力。

通过节能减排和清洁能源开发利用降低气候变化调节服务功能变化影响。在上游地区，应重点打造一体化新能源基地。充分发挥风光资源优势，以沙漠、戈壁、荒漠地区为主推进风光基地建设，配套发展抽水蓄能等储能产业，完善电力外输通道，并适当发展高能耗、低污染产业，促进电力就地消纳、推动经济增长。煤炭等高能耗高污染产业则需逐步清退。目前，国家已计划将上游的青海省建成国家清洁能源示范省，重点发展光伏、风电、光热、地热等新能源，建设多能互补清洁能源示范基地，促进更多清洁电力实现就地就近消纳转化。在中游"几字弯"地区，应重点打造综合能源基地。充分利用清洁能源资源，发挥化石能源调峰作用，推进源网荷储一体化、风光火储一体化综合示范，建设风光火储一体化开发消纳基地。推动油气开发和新能源产业融合共生，加快推进风光气氢微电网集群建设。加强氢能制储运用全产业链战略布局，有序推进加氢基础设施建设。大力发展地热业务，快速提升地热开发利用规模，拓展中深层地热供暖业务。在下游地区，应重点推进能源基地转型和安全保障设施布局。利用沿海优势，打造千万吨级沿海 LNG 接卸基地，推动黄河中、下游能源生产基地向全国能源储运枢纽转型。依托"三角洲"临海优势，发展海上风电，建立液化天然气接卸基地。加快推动海上风电集群化开发、集约化利用。大力推进"光伏+"综合利用，在工业园区、经济开发区等负荷中心及周边地区积极推进规模分布式光伏试点建设。

7.4.3.3　因地制宜扩大生态产品消费需求，构建可持续消费体系

促进流域内生态产品流通消费。挖掘利用本地特有的生态优势，积极发挥政府的引导

作用，根据各地经济发展水平和生态产品特点，因地制宜制定适合当地生态产品价值实现的政策措施。生态相对匮乏、经济发达的地区，如山东省，应加强对本地生态资源的保护，并鼓励进行异地的生态产品购买。生态富饶、经济发展相对滞后的地区，如青海省，应加大国家财政转移支付支持力度，化生态优势为经济优势，并积极引导经济发达但是生态产品供给不足的地区进行生态产品购买。对于生态较匮乏、经济较发达地区，包括山西省、河南省、四川省、陕西省、甘肃省、宁夏回族自治区等省（区），对生态资产要进行全面保护，同时，国家要通过财政转移支付对当地生态资产保护给予支持。生态相对富饶、经济相对发达的地区，如内蒙古自治区，应进一步鼓励推动本地生态产品的价值实现，国家在建立评价标准、制定交易规程等方面可给予引导和规范。

构建生态产品可持续消费体系。加强黄河流域藏红花、黑枸杞、西洋参等特色生态产品的宣传推广和推介，提升生态产品的社会关注度和市场认可度，利用线下展馆、线上平台、专业杂志等多种形式引导消费者主动选择生态产品。充分发挥黄河流域行业协会和产业联盟等社会组织的桥梁纽带作用，搭建与消费者沟通平台，促进产业与消费者互信、互通、互补、互动等机制形成。

7.4.3.4　推进生态产品开发与经营，深化生态产品市场交易体系

全方位深化生态产品交易市场。充分发挥市场配置资源的决定性作用，引导、鼓励和支持黄河流域各类市场主体参与生态产品价值实现机制试点工作，培育一批技术先进、管理精细、综合服务能力强、品牌影响力大的生态产品开发运营公司，建设一批聚集度高、优势特征明显的生态产品投资担保平台，培养一批在生态产品开发细分领域耕作较深、经营稳定、潜力较大的个体及工商户企业。将分散的自然资源使用权或经营权进行集中流转和专业化运营，也有利于提升生态产品的生产能力，创新多元化、市场化的生态产品价值实现模式。

健全流域自然资源资产市场交易机制。研究制定黄河流域森林、草地、湿地等生态要素的总量配额，构建基于数量、质量、生物量等各种要素之间的换算方法、交易价格体系，搭建流域生态资源总量配额跨省交易平台，实现流域生态资源有效配置。有序推动生态资源权益交易，探索黄河流域实行生态权益"总量控制—配额交易"机制，探索制定生态资源指标及产权交易规则、交易程序，推动生态资源一体化管理、开发和运营。探索建立森林覆盖率、水环境质量、地区环境容量等地方政府指标交易体系，以及碳排放权、排污权、用能权、生态用益权等市场化环境权益交易体系，探索跨省、跨行业等多种形式的交易。

7.4.3.5　深化生态产品产业化链条，推动流域横向补偿机制全覆盖

因地制宜推进生态产品产业化。上、中游包括青海省、内蒙古自治区、山西省等主要的农产品产业区，应重点提高农产品质量，积极发展现代农业产业链，打造地方高质量特

色品牌，提高农产品附加值。培育壮大生态旅游产业、生态康养产业，发掘产权明确、能直接进行市场交易的生态产品、旅游产品等经营性生态产品的市场化发展的新路径，应用互联网、大数据、人工智能等新一代信息技术与实体店结合，提供更多满足大众需求的生态产品。深入挖掘西域文化、河洛文化、河湟文化、齐鲁文化等黄河文化的时代价值，讲好"黄河故事"，加强公共文化产品和服务供给，以文化赋能推动产业高质量发展。

加快推动横向补偿机制全覆盖。建立水利部黄河水利委员会牵头的高层级工作机制，统筹流域内水、土壤、大气、森林、草原、矿产资源等各个环境资源要素，推动黄河流域9 省（区）在干流、主要支流、重要湖泊湿地及饮用水水源地等水质敏感区域地方人民政府之间加快建立横向补偿机制。加快搭建黄河流域生态补偿机制工作平台，加大对全流域开展横向生态补偿的指导力度并协调相关事宜，明确各部门和地方在推进黄河全流域横向生态补偿机制中的权、责、利，确定流域保护治理目标、补偿标准、考核措施等。鼓励地方以水量、水质为补偿依据，完善黄河干流和主要支流横向生态保护补偿机制，深入开展渭河、湟水河等重要支流横向生态保护补偿机制试点。实行更加严格的黄河流域生态环境损害赔偿制度，依托生态产品价值核算，开展生态环境损害评估，提高破坏生态环境违法成本。

7.4.3.6　加大绿色金融支撑力度，完善生态产品价值实现政策保障

加大绿色金融支持力度。鼓励企业和个人依法依规开展水权和林权等使用权抵押、产品订单抵押等绿色信贷业务，探索黄河流域"生态银行""绿色银行""生态资产权益抵押+项目贷"模式，支持区域内生态环境提升及绿色产业发展。加大对生态产品经营开发主体中长期贷款支持力度，鼓励政府性融资担保机构为符合条件的生态产品经营开发主体提供融资担保服务，探索生态产品资产证券化路径和模式。

提升生态产品科技支撑水平。实现 5G 设施、地理信息系统、物联网设备、信息管理驾驶舱等技术手段与生态产品价值实现的衔接。充分利用云计算、物联网等先进技术，结合构建 GEP 核算统计需求，将自然资源、林业、水利、气象等方面的基础数据纳入国民经济和社会发展统计体系。健全"产学研"协同攻关机制，培育形成技术研发和商业模式高效对接的信息优势，促进企业通过绿色技术研发与应用提供优质生态产品与服务。

7.4.4　推进生态环境分区管控制度

7.4.4.1　落实国土空间规划

健全主体功能区单元管控。对水源涵养区因地制宜地开展生态退耕，压减地下水开采量，有序推进地下储水空间建设，实施含水层调蓄，严格限制高耗水、高污染产业工地。对水资源过度利用区，调整耕地种植结构，发展节水农业，提高农田灌溉有效利用系数，严控新增耕地开发和旱地改水田，适度增加水资源配置，加强地下水水位和水质监测，在

地下水超采严重地区禁止开采地下水，严禁向高耗水产业供地。对能源战略性矿产资源保障区，引导能源和战略性矿产资源可持续发展。合理布局能源资源基地和国家规划矿区，积极开展废弃矿坑修复与再利用，探索建立战略性矿产资源勘探和储备补偿机制。对自然遗产与历史文化遗产保护区，严格空间准入，严禁新增各类生产性建设用地，保障区内维护类、旅游配套类等项目发展用地，引导严重影响文化保护、自然景观风貌的建设活动等有序退出。对边疆地区，重点保障边境口岸城镇、跨境经济合作区、交通通道和兴边富民基础设施建设空间，提升人口居留与产业集聚的吸引力。

强化规划传导和约束。将国土空间规划确定的各项目标、空间布局和重大任务，通过控制指标、分区传导、底线管控、名录管理、政策要求等方式，逐级落实到各级国土空间规划。下级规划要符合上级规划，相关专项规划、详细规划要符合总体规划。其他相关规划应做好与国土空间规划的衔接，涉及国土空间开发保护的安排应符合国土空间规划。

统一国土空间用途管制。依据国土空间规划，统筹经济社会发展和节约、集约用地状况等，科学编制土地利用年度计划，探索建立省级以下用地计划结构化管理制度。依据国土空间规划确定的分区和用途，制定不同空间。不同用途的转换规则，明确转换方向、条件和管理要求等。加强陆地与海洋、地上与地下空间统筹，建立健全全域、全要素、立体化国土空间用途管制制度。落实"放管服"要求，简化整合审批程序，提高审批效率。

做好近期规划实施安排。各地在编制国土空间规划时，要做好与国民经济和社会发展规划的衔接，统筹考虑发展规划确定的近期与远期目标、指标和重点任务，切实做好空间保障。

7.4.4.2　夯实生态环境分区管控

建立黄河流域空间分区体系。衔接"十四五"规划纲要，构建"十四五"流域分区体系，具体分为宏观、中观、微观 3 个层面。宏观层面为全国，与国土空间规划范围基本一致，体现并落实国家生态文明建设总体部署，明确水生态环境保护战略方向及总体目标。中观层面主要为流域与水功能区，流域主要为黄河流域，水功能区层面主要以黄河流域重要水体，以及按流域汇水特征形成水陆统筹的保护空间，重点在流域、省级层面落实全国水生态保护目标，处理好跨省界生态环境保护问题。微观层面主要为控制单元行政辖区，包括按小流域实施精细化管理措施的空间载体，以及省、市、县、乡等各级行政区划，重点按照小流域特征，以水生态环境质量为核心，实施"一河一策""一厂一策"等精细化管理，加强空间管控，强化责任落实。

完善黄河流域空间管控法律法规。落实生态环境空间管控，明确黄河流域生产、生活、生态空间开发管制界限，明晰管控指标，实行严格的空间保护和管控措施。预留必要的生态资源开发利用空间，保障经济社会可持续发展。落实管控责任，强化生态空间监管能力建设，与"多规合一"空间信息管理平台对接，建立生态环境网格监管体系。实施流域生态环境保护规划，通过规划推进黄河上、中、下游 9 省（区）探索富有地域特色、因地制宜的高质量发展路径。加强流域水安全保障，实施最严格的水资源管理，对各区域用水总量、用水效率等予以明确要求，实施流域用水总量只能减少、不能增加的刚性约束，优先保障黄河干流、大通河、渭河生态流量。推进流域水资源节约集约利用，合理规划人口、城市和产业发展。建立完善的黄河流域水资源分配、水权及水权转让和水量调度机制、入河排污许可制度，建立黄河流域饮用水水源保护区制度，保障流域饮水安全。严格管控流域生态环境风险，对可能发生的生态环境风险事故及其危险因素依法进行监测、环境影响评价、分析、预测、预警等。强化流域生态环境风险防范，建设并运行流域突发环境事件监控预警体系。建立应急机制与完善应急预案体系，明确应急协作的工作程序与协调机制，建立应急联合调度制度，规范信息发布等。

严把环境准入关口。做好制度衔接和联动，推动形成层级清晰、范围明确的体系。发挥政策环评、区域战略环评在国家重大发展战略和综合决策中的作用，聚焦重大环境影响和风险，对政策制定和实施发挥预警和保障两方面关键作用；协调跨区域空间格局、发展定位、跨行政区域的环境影响、管理政策及区域协作等，突出战略性和区域性管控。"三线一单"在环评体系中承上启下，衔接落实战略环评、政策环评等要求，为规划环评落地、项目环评审批等提供硬约束。强化规划环评和项目环评落地全链条管理，优化行业布局、规模、结构，拟定生态环境准入清单，指导项目环境准入；深化"放管服"改革，落实质量目标和环境管理要求，强化环境风险管控，做好与排污许可的衔接。

明确企业守法依据。加快推动空间管控排污许可衔接，建立环评批复-排污许可证-排污-环境影响后评价的事前-事中-事后全过程监管流程；保证空间管控中环境污染管控的内容与排污许可一致，如污染影响、污染种类、产排污环节、排放方式、排污口类型、污染防治措施、监测计划等内容；建立环评与排污许可信息平台，对环评与排污许可进行统一监管。落实空间管控与污染物总量控制相衔接，建立环评、排污许可、排放总量三者统一的监管标准；健全污染物排放监管制度，完善污染物监管种类，对影响环境质量的主要污染物进行全部监管；将许可范围覆盖至所有固定污染源，实现污染监管全覆盖；衔接碳达峰、碳中和目标，加快推进减污降碳协同增效；实施区域总量-行业总量-企业总量的分级总量控制体系。

落实环境监管兜底。建立"纵横联合"的监管体系，确立宏观目标，并保障目标的微观落实，健全部门联动、网格化执法。设计更具可操作性的考核指标，衔接国土空间规划、"十四五"规划纲要、黄河流域生态保护和高质量发展规划纲要等重要规划，参考生态保护红线、资源环境承载力监测预警等已有技术方法，合理选取适合黄河流域的监测指标与评估方法，不断优化流域生态环境监测评估体系，重点加强同类性质地区之间的比较。充分利用遥感技术、"3S"技术等，搭建全要素的"天空地一体化"监测网络，实现污染控制的精细管理和精准定位，提升流域精准治污能力。建立环境风险评估和防控机制，开展高风险区域环境与健康调查，重点针对近年来气候变化引发的各类气候灾害，建立风险防范与应急预案。

7.5 以"工程引领"为核心推动协同目标实现

以水资源、清洁能源、生态保护修复等重大工程为载体，围绕黄河流域生态保护和高质量发展战略目标，增强工程实施关联性、协同性、多目标性，带动引领黄河流域水-能源-生态系统协同增效战略体系落地见效。

7.5.1 实施水资源-水生态-水环境-水安全-水文化一体化建设重大工程

通过实施一批水资源优化配置工程，扭转部分河段持续淤积局面；通过水库联合调度，解决水库调水调沙后续动力不足的问题，长期维持下游河道河槽的行洪输沙功能，缓解"二级悬河"不利态势。基于黄河未来可能的水沙条件预测，进一步优化水资源工程目标和建设规模，提升水体净化能力，保障水安全，丰富水文化。

7.5.2 实施基于资源环境承载的能源发展工程

基于黄河流域水资源承载和环境容量空间差异，合理布局能源基地建设，大力发展清洁能源。在黄河上游青海省推动风光水储一体化基地建设，打造国家清洁能源示范省。在中游内蒙古自治区、宁夏回族自治区"几字弯"地区推进源网荷储一体化、风光火储一体化综合应用示范。持续推进河西特大型新能源基地建设，全链条布局清洁能源产业，深化煤炭产业绿色高效发展，严格控制新增煤电规模，持续提高存量煤电的绿色低碳和清洁高效利用，推动煤炭产业绿色化、智能化、低碳化发展。

7.5.3 建设基于水资源约束的生态安全保障工程

严格遵循"以水定绿"，依据水资源条件确定不同区域生态保护修复模式。开展关键输沙区等重点地区治理，研发光伏产业配套的地表生态防护技术，建立多个覆盖荒漠的"生态恢复模块"，建设流域粗沙入黄区控制性工程，构成黄河流域严重输沙区防御性生态屏障。全面实行灌区控化肥、控农药、控农膜、控水量和畜禽粪污资源化、秸秆资源化，形成绿色低碳循环农业生产模式。在重点（要）生态功能区、生态退化区等新建一批山水林田湖草沙一体化保护修复重大工程，提升生态系统的多样性、稳定性、可持续性。

—— 第 *8* 章 ————————————————

黄河流域生态环境协同保护与治理机制

8.1 构建生态环境全过程监管体系

以解决流域上、中、下游突出生态环境问题为重点，依据全过程监管的思路，构建黄河流域"事前防范、事中监督、事后保障"生态环境全过程监管体系框架（图 8-1）。

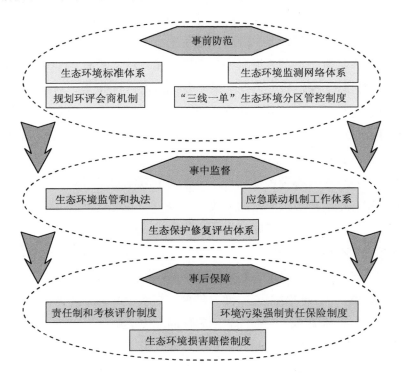

图 8-1 黄河保护立法中生态环境监管体系框架

"事前防范"主要是指通过完善生态环境相关标准、监测网络、准入制度和要求等,强化生态环境监管,具体包括建立流域统一的生态环境标准体系、构建黄河流域现代化生态环境监测网络体系、建立黄河流域规划环境影响评价会商机制、建立黄河流域"三线一单"生态环境分区管控制度。"事中监督"主要是指要加强生态环境监管执法、应急预警、修复成效评估等,具体包括实施统一的流域生态环境保护监督执法、建立健全黄河流域生态环境风险预警和突发生态环境事件应急联动工作机制体系、加快完善黄河流域生态保护修复评估体系。"事后保障"主要是指完善考核制度、污染损害赔偿制度、责任保险制度等,具体包括实行黄河流域生态保护和高质量发展责任制和考核评价制度、建立健全环境污染强制责任保险制度、加快形成"法律统一、评估规范、追责有据、赔偿到位"的生态环境损害责任与赔偿制度体系。

(1)事前防范,制修订生态环境相关标准,构建现代化生态环境监测网络体系,建立规划环评会商机制,构建全流域生态功能保护的生态空间管控体系

建立黄河流域生态环境标准体系。国务院生态环境部门会同有关部门按照职责分工,制修订黄河流域生态环境标准体系,主要包括水生态环境质量、污染物排放、水生态监测评价、河湖生态流量、生态空间保护修复、物种保护等相关标准和规范。生态环境部负责修正黄河流域水环境质量标准,严格对照国家水环境质量标准,对未做规定项目进行补充规定,对已规定项目作出更严格规定。各省(区)级人民政府可以对没有国家水污染物排放标准的特色产业、特有污染物,或者国家有明确要求的特定水污染源或者水污染物,补充制定地方水污染物排放标准,报生态环境部备案。生态环境部会同水利部、农业农村部等部门在已开展工作基础上,在流域层面选取三江源、乌梁素海、红碱淖、东平湖、黄河三角洲湿地等重点区域,探索研究黄河流域水生态监测评价标准,为黄河流域水生态监测和考核工作的开展提供依据。生态环境部会同有关部门制定统一的生态系统保护成效监测评估、生态环境质量监测、重要生态保护修复工程及重大开发建设活动生态环境影响评价等生态保护修复监管标准体系。

构建黄河流域现代化生态环境监测网络体系。生态环境部和黄河流域省级人民政府以流域环境质量、生态系统和污染源监测全覆盖为根本,运用高新科技装备监测手段,系统提升生态环境监测现代化能力,提高信息化保障水平,在已经建立的相关台站和监测项目基础上,整合优化黄河流域生态环境质量监测点位。上游围绕生态保护修复,以三江源、祁连山等水源涵养区为重点,建设生态环境监测站,提升生态质量监测能力;中游围绕污染治理,加强环境质量监测和污染监控能力建设,重点建设黄河流域生态环境监测质控应急中心,提升流域生态监测的质量管理和应急保障能力,建设黄河流域生态环境监测数据中心、生态环境监测综合服务和预测预警系统,提升生态环境信息化水平。下游围绕黄河三角洲湿地生态系统保护,促进河流生态系统健康,提高生物多样性,重点建设湿地生态监测站,推进重点区域监测要素的综合扩展。

建立黄河流域规划环评会商机制。黄河流域建立重点区域、重点产业规划环境影响评价会商机制，相关规划编制机关在向生态环境主管部门报送环境影响报告前，应当征求相关地方政府或者有关部门的意见，并根据各方会商意见，对规划及规划环境影响报告进行修改完善。生态环境主管部门在组织审查规划环境影响报告书时，应当邀请参与会商的地方政府或者有关部门代表参加审查小组，会商意见及采纳情况作为审查的重要依据。

建立流域生态环境分区管控制度。黄河流域各省（区）分析生态环境安全面临的形势和压力，划定环境管控单元，提出基于"三线一单"管控单元的环境管控方案和生态环境准入清单，并与国土空间规划、流域规划等相关规划做好衔接。黄河流域产业结构和布局应当与黄河流域生态系统和资源环境承载力相适应，落实生态环境分区管控要求。禁止在黄河流域重点生态功能区布局对生态系统有严重影响的产业。黄河中、上游地区应当严格控制高耗水重污染项目布局建设。

（2）事中监督，统一开展生态环境监测与预警应急工作，提高生态环境监督执法能力，加快完善黄河流域生态保护修复评估体系

不断提升流域生态环境监测能力。建立具有地域性特征的环境监测预警网络，在全流域布置环境自动监测仪器，设置主站数据处理中心，对实际土壤污染情况、大气环境污染情况和水环境污染情况等进行监控。有效收集和汇总日常数据信息，构建专业化信息数据库，分类整理汇总的数据信息，为数据信息及时性和全面性的提升提供重要保障，为环境监测人员开展下一步工作提供便利，制订更加完善的环境监督管理计划。构建科学的生态环境质量监测管理制度，不断优化和调整环境监测管理结构，优化环境监测方式，建立一套系统化的环境监测制度。培养专业化的环境监测人员，建立完善的监测人员转岗培训制度。通过卫星遥感、航空遥感和地面调查观测等方式，全面并连续地开展生态保护红线面积、人类干扰活动、生态修复活动、生态用地面积、植被生长态势以及同类型生态保护红线生态系统服务功能指标的监测，建立标准化的生态环境监测数据集。

建立健全黄河流域生态环境风险预警和突发生态环境事件应急联动工作机制体系。构建统一领导、权责一致、权威高效的应急能力体系，积极应对各类突发环境事件，严格突发环境事件风险管控，推动形成统一指挥、专常兼备、反应灵敏、上下联动、平战结合的生态环境应急管理体制。国务院生态环境主管部门会同国务院有关部门和黄河流域省级人民政府建立健全黄河流域生态环境风险预警和突发生态环境事件应急联动工作机制体系，与国家突发事件应急体系相衔接。加强对黄河流域能源化工基地、企业集中区域、主要湖库、黄河三角洲高风险溢油海域等发生的突发生态环境事件的应急管理。建立完善国家-流域-省-市应急监测预警网络，加强应急监测预警技术研究和储备，分级分区组建应急监测物资储备库和专家队伍。黄河流域县级以上地方人民政府有关部门根据各自职责组织完善相关生态环境风险预警、报告和应急机制，掌握黄河流域生态环境风险隐患，定期评估重点行业环境风险，推动跨行政区域上、下游建立共同防范、互通信息、联合监测、协同

处理的联动机制。

强化黄河流域生态环境监督执法水平和能力。生态环境部细化黄河流域生态环境监督管理局职责定位，指导实施统一的流域生态环境保护监督执法，统筹上、中、下游，左、右岸，强化黄河流域生态环境监管和执法，增强流域生态环境监管和行政执法的独立性、统一性、有效性、权威性。国务院生态环境部门会同有关部门完善跨区域跨部门联合执法机制，加强全流域生态环境执法能力建设，实现对全流域生态环境保护执法"一条线"全畅通。黄河流域各省（区）人民政府根据需要在地方性法规和政府规章中，突出生态环境保护监督执法。完善环境执法监督和网格化监管体系，推动生态环境行政综合执法改革，加强全流域环境监管执法技术支持基础能力建设。强化市县监管执法能力建设，推进环境执法重心向市县下移，加强基层执法队伍建设，强化属地环境监管执法。

完善黄河流域生态保护修复评估体系。开展黄河流域生态状况评估，以及生态保护红线、自然保护地、县域重点生态功能区等重点区域评估，建立从宏观到微观尺度的多层次评估体系，全面掌握黄河流域生态状况的变化及趋势。适时开展黄河流域生态本底调查评估，进一步拓展重要水体水生生物调查评估，实施生态系统健康评估。强化气候变化对生态系统的影响评估。开展生态系统保护成效评估，制定指标体系和技术方法，定期评估黄河流域生态保护红线成效、自然保护地生态环境保护成效和生物多样性保护成效，评估山水林田湖草沙系统治理成效。构建生态修复标准体系，制定覆盖黄河流域重点项目、重大工程和重点区域以及贯穿问题识别、方案制定、过程管控、成效评估等重要监管环节的生态修复标准，加快制定生态修复评估指南。

（3）事后保障，实行生态环境保护和高质量发展责任制和考核评价制度，进一步健全环境污染责任保险制度，落实生态环境损害赔偿制度

实行黄河流域生态环境保护和高质量发展责任制和考核评价制度。黄河流域各级人民政府实行生态保护和高质量发展责任制和考核评价制度，上级人民政府对下级人民政府生态保护和高质量发展目标完成情况等进行考核。将生态破坏治理、修复情况及成效、经济高质量发展纳入流域内各级党委、政府绩效考核，以责任区域生态环境完好率、破坏率、修复率及绿色发展指数为指标要求，开展领导干部自然资产离任审计，探索实施生态环境奖惩和损害责任追究。

建立黄河流域环境污染强制责任保险制度。国务院生态环境主管部门会同保险监督管理机构在黄河流域环境高风险领域建立环境污染强制责任保险制度。国务院保险监督管理机构依法对保险公司的环境污染强制责任保险业务实施监督管理。各级生态环境主管部门应当监督检查本行政区域内环境高风险企业参加环境污染强制责任保险的情况。

建立健全黄河流域生态环境损害责任与赔偿制度体系。通过中央生态环境保护督察将造成损害较大的突发事件、公众关心社会影响重大的案件等作为重点案件进行追踪督办。构建生态环境损害赔偿案件线索筛查和报告制度，建立生态环境部门内部法规、督察、执

法、土壤、生态、应急、监测等各部门之间的信息共享机制。建立公安与生态环境部门的联合办案机制，实现两部门在案件通报、鉴定评估和拘押磋商等工作环节的顺利衔接；细化赔偿磋商、恢复与执行监督等制度的内容和程序；创新生态环境损害赔偿资金使用方式，将不需要修复的生态环境损害赔偿资金投资湿地银行、森林银行、土壤银行，提高地方生态产品的供给能力，促进生态产品价值实现。

8.2　完善黄河流域生态环境保护制度

8.2.1　黄河流域生态环境保护制度完善总体思路

以加强黄河流域生态环境管理制度为重点，将国家有关生态环境保护的法律制度与黄河流域生态保护和高质量发展需求紧密结合，吸收现有相关法律的有关规定，充分体现黄河流域生态环境保护自身实际，为黄河流域生态环境质量改善和绿色可持续发展奠定坚实的制度基础。黄河流域大保护大治理要突出解决关键生态环境问题，而生态环境保护管理体制是解决黄河流域突出生态环境问题的有力举措和重要抓手。

参考《关于构建现代环境治理体系的指导意见》的相关要求，按照规划与管控、污染防治攻坚、生态保护修复、保障与监督的思路，在"协同推进、整体优化"的制度发展路径下，一是建立以空间规划为基础的流域规划与管控制度体系，为黄河流域持续开展系统保护治理提供管理手段，明确上、中、下游分区生态空间布局、生态功能定位和生态保护目标；二是建立以全方位污染防治为核心的污染防治制度体系，实施固定污染物全过程管理和多污染物协同减排；三是建立以多维度修复为指向的生态保护修复制度体系，加强山水林田湖草沙等各种生态要素的协同治理，修复重要生态系统；四是建立以生态产品价值实现机制为核心的保障与监督制度体系，包括财政、价格、金融、生态补偿等政策支持，以及政府目标责任考核、执法等措施。

"协同推进"是发展黄河流域生态环境管理制度的方式方法，本着与时俱进、不断改革的精神，对上述提出的制度都进行优化完善。对于污染防治制度体系以巩固提升为主，强化统计、监管、考核等制度。对于规划与管控制度体系以扩大范围为主，构建流域、省和市（县）的"三级"规划体系，统筹考虑生态、水、大气、土壤等要素，明确上、中、下游生态保护目标。对于生态保护修复制度体系以加强探索为主，研究制定生态保护修复标准和技术指南，开展生态保护修复效果评估试点工作。对于保障与监督制度体系以从严从紧为主，形成黄河流域生态环境保护的硬约束机制。"整体优化"是发展黄河流域生态环境管理制度的总体目标，通过将各种制度规范提到立法层面来推动各级党政领导、企业等承担生态环境保护责任，引导激励人民群众自愿参与生态环境保护，增强全社会的生态环境保护意识。

8.2.2   建立以空间规划为基础的流域规划与管控制度体系

建立黄河流域生态环境保护规划制度。由国务院生态环境主管部门编制黄河流域生态环境保护规划，充分发挥规划对黄河流域生态环境保护的引领和指导作用。同时，黄河流域县级以上地方人民政府生态环境主管部门组织制订所辖黄河流域生态环境保护方案、行动计划，构建流域、省和市（县）的三级规划体系，统筹考虑生态、水、大气、土壤等要素，坚持生态优先、绿色发展，保障黄河流域生态安全。通过规划推进黄河上、中、下游9省（区）探索具有地区特色、因地制宜的高质量发展路径。

建立黄河流域生态环境分区管控制度。黄河流域应贯彻新发展理念，强化生态空间管控，以源头治理为突破口，落实"以水定城、以水定地、以水定人、以水定产"，严格环境准入，加快产业布局优化与结构调整，推进经济社会发展全面绿色转型，加强资源开发利用管控。密切衔接国土空间规划体系，建立健全以"三线一单"为关键载体和主要内容的分区管控制度，强化国土空间规划和用途管控，协同优化区域布局，引导区域资源开发、产业布局和结构调整、城乡建设、重大项目选址。

构建生态空间监测评估预警机制。以自然保护区为重点，在遵循生态环境部有关自然保护区成效评估技术方法和指标体系的基础上，结合黄河上、中、下游生态环境特征，积极探索具有地方自然保护区保护管理特点的评估方法和指标。根据监管需求确定合理的评估周期，对于水源涵养服务功能量、生境质量指数、水土保持服务功能量、防风固沙服务功能量等需要运用模型计算的生态系统服务功能指标，可每5年开展1次评估，其他指标可每年开展1次评估。对预警地区进行警告，进行生态保护修复，必要时进行督促整改。

8.2.3   建立以全方位污染防治为核心的污染防治制度体系

建立健全黄河流域污染物排放总量控制制度。由国务院生态环境主管部门根据水生态环境质量改善目标和水污染防治要求，确定黄河流域各省级行政区域重点污染物排放总量控制指标。建立健全黄河流域污染物排放总量控制制度，以改善环境质量为出发点和落脚点，以"源头预防、过程严管、后果严惩"为导向，做好总量控制的顶层设计，推进依托排污许可证实施企事业单位污染物排放总量指标分配、监管和考核。建立非固定源减排管理体系，实施非固定源减排全过程调度管理，强化统计、监管、考核。实施重点区域、领域和行业减排工程，着力推进多污染物协同减排，统筹考虑温室气体协同减排效应。

建立健全黄河流域排污许可证制度。黄河流域依法实行排污许可管理制度，严格落实持证排污各项要求，完善企业台账管理、自行监测、执行报告制度，引导企业持证排污、按证排污。组织开展基于排污许可证的监管、监测、监察"三监"联动试点，推动重点行业环境影响评价、排污许可、监管执法全闭环管理。完善以排污许可证为主要依据的生态环境日常执法监督工作体系，推动排污许可证制度与环评、总量控制、生态环境统计、监督执法等制度的系统联动，扩大排污单位、环境要素覆盖面，强化固定污染源"一证式"执法监管和贯穿全周期监管，全面服务生态环境质量改善。

建立健全黄河流域环境影响评价制度。黄河流域构建适应环境治理体系和治理能力现代化要求的环境影响评价制度，大力推动区域战略环评、规划环评、政策环评、项目环评、"三线一单"等环评体系的联动、落地应用和跟踪评估，实现从宏观综合决策到微观环境管控的落地。在黄河流域开展重点行业和区域政策环评试点示范，不断优化与完善政策评估技术规范。同时，鼓励地方深入开展环境影响评价相关立法探索，制定符合地方特色、可操作性强的环境影响评价地方性法规。

建立健全黄河流域生态环境统计制度。以切实发挥生态环境统计作用、更好支撑生态环境管理决策为目标，黄河流域各级生态环境主管部门应加强生态环境统计、排污许可证和全国污染源普查等工作的衔接，建立健全生态环境统计体系，优化完善生态环境统计方法体系，加大对生态环境统计数据软件的开发应用，建立健全生态环境统计数据质量控制制度和责任追究体系，提升对生态环境统计数据的分析应用能力。

8.2.4　建立以多维度修复为指向的生态保护修复制度体系

国务院有关部门和黄河流域省级人民政府应立足区域生态本底，研究制定生态保护修复标准和技术指南，制定覆盖黄河流域重点项目、重大工程和重点区域以及贯穿问题识别、方案制定、过程管控、成效评估等重要监管环节的生态修复标准，开展生态保护修复效果评估工作，加强对黄河流域生态保护修复工作的指导和监督。开展黄河流域山水林田湖草沙一体化保护修复，采取分区治理。上游以三江源、祁连山、甘南黄河上游水源涵养区等为重点，推进实施一批重大生态保护修复和建设工程，提升水源涵养能力；中游突出抓好水土保持和污染治理，以自然恢复为主，减少人为干扰，对污染严重的支流，集中开展治理；严格保护下游的黄河三角洲，促进河流生态系统健康，提高生物多样性。

8.2.5　建立以生态产品价值实现机制为核心的保障与监督制度体系

建立完善黄河流域生态补偿机制。加大财政转移支付力度，对黄河干流及重要支流源头和水源涵养地、水土流失重点防治区等生态功能重要区域等予以补偿。建立纵向与横向、补偿与赔偿、政府与市场有机结合的黄河流域生态产品价值实现机制。完善高寒高海拔森林、草原、湿地生态补偿制度，适度提高补偿标准。推动黄河建立全流域生态补偿机制，鼓励受益地区和保护地区、流域上下游通过资金补偿、产业扶持等多种形式开展横向生态补偿。开展湟水河、渭河等重要支流横向生态补偿机制试点。在沿黄重点生态功能区（县）实施生态综合补偿试点。在三江源、若尔盖、甘南黄河等流域上游水源涵养重点生态功能区域探索开展生态产品价值评估核算计量试点，逐步推进综合生态补偿标准化。鼓励开展碳排放权、排污权、水权、用能权等市场化交易，以点带面形成多元化生态补偿政策体系。

建立黄河流域生态保护和高质量发展责任制和考核评价制度。国家应实行黄河流域生态保护和高质量发展责任制和考核评价制度，每年国务院应对黄河流域省级人民政府生态保护和高质量发展目标完成情况进行考核。黄河流域省级人民政府组织落实目标任务、政策措施，加大资金投入。市县党委和政府承担具体责任，统筹做好监管执法、市场规范、资金安排、宣传教育等工作，每年向上级报告生态环境保护工作情况。各地各有关部门坚持管发展必须管环保、管行业必须管环保、管生产经营必须管环保，落实好生态环境保护责任。

健全生态环境保护督察机制。国家有关黄河流域生态环境保护决策部署落实情况、黄河流域生态环境质量改善及突出生态环境问题处理情况，应当纳入中央生态环境保护督察。以中央生态环境保护督察、省级生态环境保护督察、生态环境保护督察"回头看"、专项督察等为重点，健全生态环境保护督察机制，着力解决突出生态环境问题，改善生态环境质量，推动经济高质量发展。

8.3　健全多元共治的流域生态环境治理体系

8.3.1　构建流域上、中、下游生态环境保护联动机制

探索建立"统一规划、统一标准、统一环评、统一监测、统一执法、统一应急"的黄河流域上、中、下游生态环境保护联动机制，形成"共同抓好大保护，协同推进大治理"的格局。

"统一规划"指国务院生态环境主管部门负责组织编制黄河流域生态环境保护战略规划，黄河流域县级以上地方人民政府生态环境主管部门负责组织制订所辖黄河流域生态环境保护方案、行动计划，构建流域、省和市（县）的"三级"规划体系，统筹考虑生态、水、大气、土壤等要素，坚持生态优先、绿色发展，保障黄河流域生态安全。

"统一标准"指制定黄河流域生态环境质量标准体系。健全黄河流域生态标准体系，包括黄河流域水生生物、河湖生态流量、河湖生态空间保护修复、自然岸线保有率、物种保护、防洪减灾、自然资源科学合理开发和利用等相关标准和规范的制定。生态环境部负责制定黄河流域水环境质量标准，严格对照国家水环境质量标准，对未做规定项目进行补充规定，对已规定项目作出更严格规定。各省（区）级人民政府可以制定地方水环境质量标准，要立足地方实际情况，充分体现各地行业特征，考虑不同情形，制定更加严格的地方水污染排放标准，并实行差别化的分区、分类排放管控措施，报生态环境部备案。

"统一环评"指遵循事前指导、事中规范和事后严管的工作思路，以全国统一的环境影响评价信用平台为依托，针对黄河流域环境污染或生态破坏严重、环境风险突出的行业，分领域、有重点地加强事中、事后监管，建立重大涉水规划生态环境影响评价审查审批会

商机制，制定黄河流域生态环境准入清单。

"统一监测"指建立沿黄流域生态环境监测网络。以流域环境质量、生态质量和污染源监测全覆盖为根本，运用高新科技装备监测手段，系统提升生态环境监测现代化能力，提高信息化保障水平，在已经建立的相关台站和监测项目基础上，整合优化黄河流域生态环境质量监测点位。重点加强生态保护红线区域生态功能监测、流域生物多样性监测、区域生态系统状况监测；强化上游地区水资源状况与水源涵养功能监测、中游地区水环境质量状况与水土流失动态监测，加强汾渭平原大气环境质量监测，汾河等重要支流水环境质量监测，下游地区湿地生物多样性监测。构建涵盖大气、地表水、地下水、土壤、噪声、辐射、生态等要素，布局科学合理、指标系统完备、功能有机统一、运转顺畅高效、信息集成共享、天地一体化的黄河流域现代化生态环境监测网络体系，服务于流域生态环境高水平保护和流域高质量发展，为实现管理决策科学化、治理精准化，推动流域重点、难点问题有效解决提供支撑保障。推动建立黄河流域生态环境监测数据集成共享机制，规范监测指标和方法，实现相关监测信息共享。建立和实行生态环境质量公告制度，统一发布国家生态环境综合性报告和重大生态环境信息。

"统一执法"指细化黄河流域生态环境监督管理局职责定位，指导实施统一的流域生态环境保护监督执法，统筹上、中、下游，左、右岸，强化黄河流域生态环境监管和执法，增强流域生态环境监管和行政执法的独立性、统一性、有效性、权威性。完善跨区域、跨部门联合执法机制，加强全流域生态环境执法能力建设，实现对全流域生态环境保护执法"一条线"全畅通。黄河流域各省（区）人民政府根据需要在地方性法规和政府规章中，突出生态环境保护监督执法。完善环境执法监督和网格化监管体系，推动生态环境行政综合执法改革，加强流域环境监管执法技术支持基础能力建设。强化市（县）监管执法能力建设，推进环境执法重心向市（县）下移，加强基层执法队伍建设，强化属地环境监管执法。

"统一应急"指构建统一领导、权责一致、权威高效的应急能力体系，积极应对各类突发环境事件，严格突发环境事件风险管控，推动形成统一指挥、专常兼备、反应灵敏、上下联动、平战结合的生态环境应急管理体制。建立健全黄河流域生态环境风险预警和突发生态环境事件应急联动工作机制体系，与国家突发事件应急体系相衔接。加强对黄河流域能源化工基地、企业集中区域、主要湖库、黄河三角洲高风险溢油海域等发生的突发生态环境事件的应急管理。建立完善国家-流域-省-市应急监测预警网络，加强应急监测预警技术研究和储备，分级分区组建应急监测物资储备库和专家队伍。黄河流域县级以上地方人民政府有关部门根据各自职责组织完善相关生态环境风险预警、报告和应急机制，掌握黄河流域生态环境风险隐患，定期评估重点行业环境风险，推进跨行政区域上下游建立共同防范、互通信息、联合监测、协同处理的联动机制。

8.3.2 构建黄河流域环境治理政府主导和企业主体责任体系

将生态破坏治理、修复情况及成效纳入流域内各级党委、政府绩效考核，以责任区域生态环境完好率、破坏率、修复率为指标要求，开展领导干部自然资产离任审计，探索实施生态环境奖惩和损害责任追究。充分运用卫星遥感、大数据、远程高清晰视频监控系统等技术手段，聚焦三江源、祁连山等生态保护重点区域以及汾河流域、汾渭平原等环境污染防治区域，开展"绿盾"、汾渭平原大气强化督察、黄河入河排污口排查等专项督察。构建集水域纳污量、水域可利用水量、水域水功能达标和生态流量管理于一体的生态环境许可，完成覆盖流域所有固定污染源的排污许可证核发工作，构建以排污许可制为核心的固定污染源监管制度体系，开展黄河流域排污权交易的区域试点，完善黄河流域排污权交易制度。落实企业资金投入、物资保障、生态环境保护措施和应急处置主体责任，提高治污能力和水平，通过企业网站等途径依法公开主要污染物名称、排放方式、执行标准以及污染防治设施建设和运行情况，鼓励企业将环境绩效纳入企业经营管理全过程，自觉地推动绿色发展、循环发展、低碳发展。

8.3.3 加快形成黄河流域生态环境保护全民行动体系

把生态环境保护纳入流域教育体系和党政领导干部培训体系，推进党政机关带头使用节能环保产品，推行绿色办公。构建有效的公众参与机制。借助"12369"环保举报热线、政府网站等途径，建立多元化公众参与平台，发布流域治理工作动态，加强重特大突发环境事件信息公开，建立信息公开制度。完善公众监督、举报反馈机制，鼓励社会公众对黄河生态破坏行为进行监督举报。加强生态文明宣传教育，倡导绿色低碳的生活方式，建立一批国家级生态文明教育实践基地。实施"机关-社区-家庭"低消耗、低污染、低排放的奖惩机制，推进以"节水、节电、节地"为核心的绿色家庭、绿色社区建设。

8.3.4 提高生态环境保护宣传教育和科技支撑水平

加强黄河流域生态环境保护和绿色发展的宣传教育。有关部门应完善公众参与程序，为公民、法人和非法人组织参与和监督黄河流域生态环境保护提供便利。新闻媒体应当采取多种形式开展黄河流域生态环境保护和绿色发展的宣传教育，并依法对违法行为进行舆论监督。全国各级教育行政部门、学校应当将黄河流域生态环境保护知识纳入学校教育内容，培养学生的环境保护意识。鼓励、支持单位和个人参与黄河流域生态环境保护和修复、资源合理利用、促进绿色发展的活动。

提升黄河流域科技创新支撑能力。实施科技创新黄河生态环境保护专项，加大对黄河流域生态环境中长期重大问题研究，聚集水安全、生态保护、污染治理、水沙调控等领域开展科学试验和技术攻关。在黄河流域加快布局若干重大环境科技基础设施，建设一批国家重点实验室、产业创新中心、工程研究中心等科技创新平台，大力推进沿黄一流大学、一流学科和一流研究所建设，加大环境保护类专业人才培养和引进力度。设立黄河流域环境科技成果转化引导基金，完善环境科技投融资体系，综合运用政策、标准规范、激励机制等工具促进成果转化。

8.3.5　完善黄河流域生态环境保护治理资金投入机制

加大中央生态环境资金对黄河流域 9 省（区）的转移支付力度。落实地方政府生态环保投入，坚持"党政同责、一岗双责"，明确地方各级人民政府是本辖区环境质量改善的责任主体。

建立企业环境信用评价和违法排污黑名单制度，企业环境违法信息将记入社会诚信档案，向社会公开。建立上市公司环保信息强制性披露机制，对未尽披露义务的上市公司依法予以处罚。支持符合条件的企业积极公开发行企业债、中期票据和上市融资，拓宽企业融资渠道。

大力推行多元化治理模式。推进环境保护领域政府和社会资本合作模式，在城乡生活污水处理厂及管网建设、城乡生活垃圾处置、城市环境综合整治、水质较好湖泊保护、饮用水水源地保护、污染场地修复与生态建设、环境监测、畜禽养殖污染治理、有机农业等领域引入社会资本，采取单个项目、组合项目、连片开发等多种形式，提高环境公共产品供给质量与效率。

推进金融产品和服务创新。鼓励开发贷款周期长、融资成本低的创新金融产品，鼓励金融机构为相关项目提高授信额度、增进信用等级。

构建黄河流域环境影响评价信用平台，对黄河流域环境污染或生态破坏严重、环境风险突出的行业加强事中事后监管，建立重大涉水规划生态环境影响评价审查审批会商机制，制定黄河流域生态环境准入清单。加强黄河流域环境治理财税支持和金融扶持，多层次多渠道加大中央和地方政府生态环保投入，设立黄河流域绿色发展基金。

—— 第 *9* 章 ——

黄河流域生态环境治理重大工程

9.1 黄河流域生态环境治理面临的主要问题

9.1.1 生态环境治理工程投入结构有待完善

为落实黄河流域生态保护和高质量发展国家战略，沿黄 9 省（区）都在积极谋划生态环境保护治理重点工程。当前，在黄河流域 9 省（区）计划投入的生态环境保护治理的重大工程以及水污染防治项目库中，关于流域水污染综合治理项目的资金投入最多，其次为农村环境整治、大气环境治理、生态保护修复项目，现代治理体系项目的资金投入最少。水污染综合治理类项目包括水环境治理、黑臭水体综合整治、污水处理系统提标改造及污水管网建设、人工湿地水质净化、地下水修复试点、饮用水水源地保护、再生水循环利用、入河排污口规范化建设等；农村环境整治类项目包括农村生活污水处理、农村生活垃圾处置处理、畜禽养殖污染防治等；大气环境治理类项目包括非电行业超低排放改造、清洁能源替代、挥发性有机污染物防治、工业污染源综合整治等；生态保护修复类项目包括水源涵养工程、水土流失治理、生物多样性调查与保护、退化草原治理、防洪治理与生态护岸、湿地保护修复、盐碱地改良与治理、生态廊道建设等；现代治理体系类项目包括基础调查与评估、生态环境监测网络建设、生态环境执法能力建设、生态环境预警及应急能力建设、生态环境基础能力建设等。

从空间布局上看，黄河流域上游地区存在天然草地退化、自然湿地萎缩，汾河等支流水环境污染严重，汾渭平原及流域下游城市大气环境治理形势严峻等，是黄河流域当前突出的生态环境问题，也是流域生态环境保护治理工程应考虑的重点。然而，青海省、宁夏回族自治区等上游地区的水源涵养能力提升重大引领工程仍有待加强，汾河水污染治理和汾渭平原大气污染治理等重大突破性工程储备不足，黄河流域生态环境治理缺少重大龙头项目支撑。

9.1.2　生态环境监测网络尚未实现全覆盖

生态环境监测是生态环境保护的基础，是实现生态环境现代化治理体系的重要内容。保护生态环境首先要摸清家底、掌握动态，要把建好用好生态环境监测网络这项基础工作做好。目前，我国已在黄河干流、主要支流、重要水功能区和跨省（市）界设置国控地表水监测断面 282 个，已建国控水质自动监测站 138 个（包括 16 个水利部门划转省界水质自动监测站）；设置国控城市环境空气监测站点 552 个，地方建设空气自动监测站 1 168 个，汾渭平原已有 11 个城市开展颗粒物组分和手工自动监测；已设置由背景点、基础点和风险点构成的黄河流域国家土壤监测点位 6 880 个。黄河流域国家地表水、环境空气和土壤监测点位设置相对完善。

然而，在天空地一体的生态监测网络、水生态监测、应急监测、信息化等方面仍存在短板。目前，我国各有关部门在黄河流域建有 17 个生态地面监测站，对相关生态系统结构和功能开展定期监测和评估，但这些生态地面监测站未能覆盖所有的重点生态功能区和黄河三角洲湿地。水生生物监测存在明显短板，目前仅在个别省份配备了显微镜、叶绿素测定仪等基础仪器设备，大部分地区尚未建设水生生物专业实验室，缺乏水生生物监测技术规范和评价标准体系。流域跨区域应急监测能力不足，现场采样和检测设备配备不齐全，监测技术手段落后，机动性、灵活性差，难以满足跨区域重特大突发环境事件应急监测需求。黄河流域生态环境监测还面临多单位分管、分流域监测的局面，各级各类生态环境监测数据尚未实现有效共享，与自然资源、水利、应急等部门的监测数据共享机制尚未形成。黄河流域生态监测存在监测时效性不高，生态空间占用和生态功能降低无法主动预警等问题，尚未形成"天空地一体化"的生态环境监测网络。

9.1.3　生态环境治理能力现代化水平滞后

黄河流域的煤化工行业占比偏高，生态环境事件突发率与高发率高，然而现有的生态环境治理体系在应对突发生态环境事件时的预警、预判和应急能力薄弱，缺乏集成监控、评估、预警以及处置的预警系统，快速预测模拟和预警响应决策能力滞后，重点河段区域尤其是基层人员队伍和物资装备储备的数量、针对性、专业性不足。治污设施和技术、企业监管及沿河污染预警应急水平等尚不满足高质量发展的要求。另外，黄河中、下游涉及省（区）普遍存在城镇污水处理能力不足、管网不健全、雨污未分流、污水处理厂超标排放，农村生活污水处理设施难以稳定有效发挥作用等问题，生态环境治理基础设施配备不到位。市场化、多元化、多要素的生态补偿机制建设进展缓慢，生态环境保护合作动力不足，多元化环境治理投融资机制尚未建立。

9.2　实施生态环境治理重大工程的基本原则

以习近平生态文明思想为统领，以习近平总书记关于黄河流域生态保护和高质量发展的重要讲话精神为根本遵循，按照"共同抓好大保护，协同推进大治理"的要求，坚持绿水青山就是金山银山理念，立足黄河流域整体和长远利益，以维护黄河生态安全为目标，以解决流域上、中、下游突出生态环境问题为重点，统筹山水林田湖草系统生态保护修复，开展重点问题、重点区域和重点行业环境污染治理集中攻坚，因地制宜、分类施策，确保流域生态功能稳定提升、环境质量综合改善、环境风险有效防控、生态环境现代治理体系逐步完善，努力开创黄河流域生态环境保护新局面，保护好中华民族母亲河，有效助推流域高质量发展。

9.2.1　坚持统筹谋划、协同共治

加强黄河生态保护和环境治理的系统性、整体性和协同性，坚持共同抓好大保护、协同推进大治理，统筹谋划上、中、下游，干流支流，左、右两岸的保护和治理，保护水资源、恢复水生态、改善水环境，建立完善上、下游，左、右岸，干支流协同保护治理机制。

9.2.2　坚持重在保护、要在治理

树立绿水青山就是金山银山的理念，顺应自然、尊重规律，从过度干预、过度利用向自然修复、休养生息转变，实施山水林田湖草综合治理、系统治理、源头治理，开展突出环境污染问题的综合治理，全面加强流域生态保护和环境治理。

9.2.3　坚持因地制宜、分类施策

充分考虑上、中、下游的差异，实施分区分类保护治理，重点解决威胁黄河生态安全的突出问题。上游着力提升水源涵养功能，中游加强水土流失和污染治理，下游推进黄河三角洲湿地保护，加强全流域生态环境保护。

9.3　分类实施黄河流域生态环境治理重大工程

9.3.1　建立国家黄河流域生态环境治理重大工程项目库

以习近平总书记关于黄河流域生态保护和高质量发展的重要讲话精神为根本遵循，立足黄河流域整体和长远利益，以维护黄河生态环境安全为目标，以解决流域突出生态环境问题为重点，建议由财政部会同生态环境部、水利部、自然资源部、农业农村部等部门和

沿黄 9 省（区）建立黄河流域生态环境治理重大工程项目库，按照中央和地方事权划分，纳入各级财政预算，分区、分类、分批予以优先支持。生态环境部负责黄河流域生态环境保护项目库的建设与管理，会同国务院有关部门指导、监督重大工程项目的实施。沿黄 9 省（区）生态环境部门以及有关部门按照责任分工负责其领域内重大工程项目库的建设与管理，有序推进重大工程项目实施。

9.3.2　实施黄河流域生态保护与修复重大工程

按照上游稳固提升水源涵养能力和开展生态退化区修复，中游抓好水土保持，下游实施河道和滩区生态治理，河口加强自然湿地保护的总体思路，实施生态保护与修复重大工程。

上游地区生态地位显著，一是应加强三江源河源区、祁连山、若尔盖高原湿地、甘南地区等重要生态地区实施水源涵养能力提升重大工程，大力营造流域水源涵养林、实施退化草原治理、河湖湿地保护修复等工程，配套重大龙头项目，保护上游重要水源补给地，提升源头区水源涵养能力；二是以青海湟水流域、三江源地区、白银沿黄地区、甘南山地、青铜峡库区等生物多样性保护功能区为重点开展生物多样性保护重大工程，强化推进天然湿地和土著鱼类栖息地保护与修复工程，提升流域生物多样性保护水平；三是加强内蒙古高原南缘、宁夏中部等重点区域的荒漠化治理工程，推广乌兰布和、库布齐等治沙经验，实施锁边防风固沙工程，治理流动沙丘；四是实施内蒙古乌梁素海灌区、宁夏灌区、青海湟水河、甘肃沿黄等大中型灌区水生态环境综合治理工程，开展农田退水污染综合治理，建设生态沟道、污水净塘、人工湿地等工程，加强农业退水循环利用。

中游地区突出抓好黄土高原水土保持，持续开展退耕还林还草，大力实施植被保护工程，推进陇东、陕北、晋西北黄土高原区水土流失治理工程。一是以陇东、陕北、晋西北黄土高原区为重点，实施黄土高原塬面保护、病险淤地坝除险加固、坡耕地综合治理等水土流失重点工程；二是在晋陕蒙丘陵沟壑区积极推进粗泥沙拦沙减沙工程，以陇东董志塬、晋西太德塬、陕北洛川塬等塬区为重点，实施黄土高原固沟保塬项目。

下游地区以湿地生态系统修复为核心，重点实施河道、滩区综合整治，黄河三角洲湿地保护修复，保护盐沼、滩涂和河口浅海湿地生物资源。一是开展黄河堤防绿化提升、海岸带生态防护、近海水环境与水生态修复、退耕（养）还湿、湿地生态保护修复、有害生物综合治理、重点物种保护、河流生态补水等工程，重点保护河口湿地，稳定自然岸线，加强盐沼、滩涂和河口浅海湿地生物资源保护，推进河口湿地自然修复和河湖生态连通；二是开展下游滩区生态综合整治工程，加强滩区水源和优质土地保护修复，构建滩河林田草综合生态空间，在不影响河道行洪前提下选取适宜河段开展滩区生态治理试点。

以黄河流域沿岸生态环境脆弱地区与重点干支流为核心，实施覆盖全流域的小流域综合治理、干支流生态廊道建设、河道综合治理，维护流域生态系统完整性和连通性。一是开展小流域综合治理试点工程，以水土流失治理为核心，通过合理安排农、林、牧各业用地，开展水土保持农业耕作工程、水土保持林草工程、经济林建设工程等，形成流域综合水土流失防治体系。二是同步实施干支流生态廊道建设工程。对黄河沿岸进行统一规划，实施生态修复、水系连通、绿化建设等生态廊道建设工程，打造生活化、生态化、整体化的河滩堤防工程，建成岸绿景美、水系连通的黄河沿岸生态长廊。三是实施河道综合治理工程，提升防洪能力。加快河段控导工程续建加固，加强中、下游险工、险段和薄弱堤防治理。开展"二级悬河"治理，加快推进宁蒙等河段堤防工程达标。统筹黄河干支流防洪体系建设，加强湟水河、洮河、渭河、汾河等重点支流防洪安全，联防联控暴雨等引发的突发性洪水。

9.3.3　实施黄河流域环境污染综合治理重大工程

开展重点问题、重点区域和重点行业环境污染治理集中攻坚，针对部分支流污染严重、重点区域大气环境质量改善滞后、局部土壤污染问题，实施一批黄河流域环境污染综合治理重大工程。

实施汾河等污染严重支流水环境治理工程。一是开展黑臭水体和劣V类河段治理，重点实施工业废水、城镇污水、农村排水、农田退水等治理，推进煤化工等重点行业深度治理和灌区农业面源防治；二是实施水资源节约与污废水回用试点示范工程，选取部分水资源严重短缺、水资源开发利用价值高、水资源重复利用率低的区域为试点，建设区域节水与污水回用循环利用体系。

实施汾渭平原和黄河流域下游城市大气污染综合治理工程。推进能源、产业、运输、用地四大结构调整，加快冬季清洁取暖改造，持续开展"散乱污"企业综合整治、钢铁行业超低排放改造、工业炉窑大气污染治理、重点行业挥发性有机物治理、柴油货车污染治理以及煤炭、矿石等大宗货物长距离运输"公转铁"。

实施重点区域土壤污染风险管控重大工程。一是在甘肃省白银市、甘南藏族自治州，青海省西宁市，陕西省宝鸡市、渭南市、商洛市，河南省三门峡市、洛阳市、济源市等受污染耕地相对集中区域，组织实施受污染耕地安全利用工程；二是以矿产资源开发集中区域为重点，开展历史遗留矿区、尾矿库、废渣堆存情况全面排查，推动尾矿库综合整治；三是以洛阳市栾川县、焦作市孟州市、济源市等区域为重点，实施重金属污染减排工程。

9.3.4　实施黄河流域生态环境治理现代化重大工程

谋划推进现代生态环境治理体系试点市（县）建设工程，为黄河流域乃至全国提供经验和示范，强化黄河流域生态环境监测网络、应急能力、环境基础设施、生态补偿机制等建设。一是建设涵盖水、生态、大气、土壤等要素，布局合理、功能完善的生态环境监测网络（覆盖到县），形成黄河流域"天空地一体化"生态环境监测网络。二是搭建黄河流域生态环境监测质控和应急业务平台，建设黄河流域生态环境监测综合服务和预测预警系统，推进黄河流域生态环境风险应急能力建设。三是实施环境治理基础设施建设工程，沿黄工业园区全部建成污水集中处理设施并稳定达标排放，推进干支流沿线城镇污水收集处理效率持续提升和达标排放。以河南省、内蒙古自治区等为重点，进一步强化污水管网建设及污水处理厂提标改造，完善垃圾处理处置设施。四是建立黄河流域生态补偿机制管理平台，支持引导沿黄 9 省（区）建立多元化横向生态补偿机制。

9.4 分阶段推进生态环境治理重大工程

坚持"统筹规划，分步实施"的原则，分阶段推进黄河流域生态环境治理重大工程。

9.4.1 近期应重点强化黄河流域上、中、下游生态环境监测能力建设

以水生态为重点，推进流域上、中、下游水生态环境监测能力建设，强化水生生物相关指标监测。优化黄河流域生态环境监测站点布局，新建地面生态监测站，升级改造水质自动监测站，完善黄河三角洲湿地生态监测。强化流域生态环境监测质控管理与应急建设能力，建设生态环境监测综合服务和预测预警系统，建成流域一体化生态环境监测信息化平台。

9.4.1.1 基本思路

结合黄河流域生态环境监测网络在流域生态质量、水生态监测、水环境监管和应急监测，以及信息化建设 4 个方面存在的短板，充分考虑上、中、下游各省（区）的差异，近期先重点实施上游生态地面监测站建设、中游地区水环境监管和应急监测能力建设、下游湿地水生态监测体系建设，逐步建立涵盖水环境、水生态、水资源，黄河流域"天空地一体化"生态环境监测网络。

一是上游地区着重开展生态地面站建设，统筹重大灌区农业面源监测能力建设。针对三江源草原草甸湿地生态功能区、祁连山冰川与水源涵养生态功能区、甘南黄河重要水源补给生态功能区、阴山北麓草原生态功能区、秦巴生物多样性生态功能区、若尔盖草原湿地生态功能区等重点生态功能区，依托已有的 9 个生态地面站，扩大监测指标提升监测能力，共享 5 个中国科学院野外监测站，新建生态地面站，为黄河上游水源涵养能力和防治生态系统退化提供监测数据。以内蒙古乌梁素海灌区、宁夏灌区、青海湟水河、甘肃沿黄等大中型灌区为重点，充分利用地面监测数据和遥感监测手段，建设农业面源监测体系。

二是中游地区实现重点水域自动监测预警，强化水环境监管和应急监测能力。在汾河流域等重点断面配备生物毒性、有机物和重金属等自动监测设备，统一水质监测预警标准规范，升级改造水利部已划转 16 个水质自动监测站。将汾河流域市县界水站接入国控水

站数据平台，实现数据联网共享。配备应急监测现场快速检测仪器设备、无人采样设备等地面及航空遥感应急设备，建设应急指挥调度系统，提升应急监测能力。

三是实施黄河三角洲湿地生态监测。统一配备用于水生生物监测所需的常用采样设备和实验室分析设备，强化重要河口湿地水生生物多样性监测体系建设。利用互联网、实时监控及云端访问技术，实现对黄河三角洲湿地内水文与水环境、气象、土壤、空气环境、人类与鸟类活动等多种生态要素的全天候、不间断、高精度监测，为开展黄河三角洲河口湿地生物多样性保护、退化生态系统修复提供基础数据支撑。

四是建设统一的流域生态环境监测信息化平台。集成全方位黄河流域生态环境监测相关数据，升级并集成遥感监测数据处理与服务系统，构建黄河流域生态环境监测信息"一平台"和"一张图"，实现各类监测数据统一存储、综合分析和共享发布，推动建立黄河流域生态环境监测数据集成共享机制。

9.4.1.2　主要建设内容

（1）加快水生生物监测能力建设

依托原有监测站点，配备用于水生生物监测所需的常用采样设备和实验室分析设备，开展水生生物多样性监测，增加反映鱼类、底栖动物、浮游生物、水生植物等水生态指标，研究建立全流域统一的水生态监测技术体系。改造原有水生生物培养室、水体微生物培养室，新建 3～5 个水生生物监测实验室，提升水生生物监测能力。同时，开展重要湖库典型水质参数（叶绿素浓度、悬浮物浓度、水体透明度）、水华与营养状态、河湖物理生境要素（水域分布等）、河湖水量要素遥感监测业务。

（2）优化流域生态环境监测站点布局

上游新建地面生态监测站。针对三江源草原草甸湿地生态功能区、祁连山冰川与水源涵养生态功能区、甘南黄河重要水源补给生态功能区、阴山北麓草原生态功能区、若尔盖草原湿地生态功能区等重点生态功能区，依托已有的生态地面站，扩大监测指标提升监测能力；新建生态地面站，为提高黄河上游水源涵养能力和防治生态系统退化提供监测数据。同时，黄河上游升级水质自动监测站的监测设备，扩大监测指标和监测能力。

中游以升级改造水质自动监测站为主。在黄河中游升级水质自动监测站的监测设备，配备监测生物毒性、有机物和重金属等相关设备。同时将现有的水质自动监测站或空气监测站扩大监测指标和监测能力，升级改造为生态地面监测站，开展对黄土高原丘陵沟壑水土保持生态功能区的监测。在黄河中游开展 2 项农业面源监测示范工程。

下游入海口新建生态地面监测站。在黄河下游升级水质自动监测站的监测设备，扩大监测指标和监测能力，配备水生生物监测的相关设备，建立水生生物监测实验室。在入海口新建 2 个生态地面监测站，实现对南水北调水源涵养功能区和黄河入海口区域的监测。

（3）建设生态环境监测质控应急中心

依托现有各相关监测站点，配备应急监测现场快速检测仪器设备、无人采样设备等地面及航空遥感应急设备，建设应急指挥调度系统，建设生态环境监测质控应急中心。建设黄河流域生态环境遥感监测分系统、黄河流域生态环境监测分析分系统和黄河流域水生态环境预测预警分系统，逐步提升黄河流域的生态监测预测预警和综合服务等信息化水平。

（4）建成流域一体化生态环境监测信息化平台

集成全方位黄河流域生态环境监测相关数据，升级并集成遥感监测数据处理与服务系统，构建黄河流域生态环境监测信息"一平台"和"一张图"，实现各类监测数据统一存储、综合分析和共享发布，推动建立黄河流域生态环境监测数据集成共享机制。

9.4.2　分阶段推进现代生态环境治理体系试点市（县）建设

以强化政府主导作用为关键，以深化企业主体作用为根本，以更好动员社会组织和公众共同参与为支撑，重点围绕环境基础设施治理能力提升、政府-企业-公众等全民社会行动体系构建、生态环境治理监管体系建设等方面，分批推进全流域 100 个现代生态环境治理体系试点市（县）建设。

9.4.2.1　基本思路

前期从上、中、下游选择若干个市（县）开展现代生态环境治理体系试点市（县）建设，探索积累经验，逐步拓展推开建设现代生态环境治理试点市（县）。

一是构建黄河流域生态环境治理责任体系。将生态破坏治理、修复情况及成效纳入流域内各级党委、政府绩效考核，开展领导干部自然资产离任审计，探索实施生态环境奖惩和损害责任追究，开展"绿盾"、汾渭平原大气强化督查、黄河入河排污口排查等专项督查。

二是加快形成黄河流域生态环境保护全民行动体系。把生态环境保护纳入教育体系和党政领导干部培训体系，建立多元化公众参与平台，建立一批国家级生态文明教育实践基地，加强生态文明宣传教育。

三是强化黄河流域生态环境治理监管体系。完善试点市（县）黄河生态环境监督管理局及其监测科研中心，完成生态环境机构监测监察执法垂直管理制度改革，完善黄河流域生态环境公益诉讼制度。

四是逐步建立和完善黄河流域生态补偿机制。探索建立适用于流域试点市（县）的生态补偿标准核算体系，完善目标考核体系、改进补偿资金分配办法，建立黄河流域生态补偿机制管理平台，鼓励开展排污权、水权、碳排放权交易等市场化补偿方式。

9.4.2.2 主要建设内容

（1）全面升级试点地区环境治理基础设施

结合试点地区基础设施建设的短板，实施城乡污水、垃圾、固体废物、面源污染处理设施建设，全面升级试点地区环境治理基础设施。

（2）建立健全多元共治的社会行动体系

全面推进领导干部自然资产离任审计，实施生态环境奖惩和损害责任追究。推进企业清洁化、循环化、绿色化改造，加强全过程管理。建立全流域利于公众监督和举报的反馈机制，搭建多元化公众参与平台，建立国家级生态文明教育实践基地。

（3）完善生态环境治理监管体系

定期开展试点地区生态环境状况调查与评估，完善试点地区生态环境监测基础能力建设，强化生态环境预警及应急能力建设，加强生态环境保护执法能力建设，整合相关部门污染防治和生态环境保护执法职责、队伍，统一实行生态环境保护执法。

参考文献

[1] 卞正富，于昊辰，雷少刚，等. 黄河流域煤炭资源开发战略研判与生态修复策略思考[J]. 煤炭学报，2021，46（5）：1378-1391.

[2] 陈善荣. 保护生态环境要摸清家底掌握动态[J]. 环境与生活，2019（6）：85.

[3] 陈怡平，傅伯杰. 黄河流域不同区段生态保护与治理的关键问题[N]. 中国科学报，2021-03-02（7）.

[4] 迟妍妍，王夏晖，宝明涛，等. 重大工程引领的黄河流域生态环境一体化治理战略研究[J]. 中国工程科学，2022，24（1）：104-112.

[5] 崔艳芳，张国兴. 黄河流域资源型城市碳排放影响因素与达峰预测研究[J]. 人民黄河，2023，45（2）：9-14.

[6] 董战峰，璩爱玉，冀云卿. 高质量发展战略下黄河下游生态环境保护[J]. 科技导报，2020（14）：109-115.

[7] 杜际增，王根绪，李元寿，等. 近45年长江黄河源区高寒草地退化特征及成因分析[J]. 草业学报，2015（6）：5-15.

[8] 高军，刘双柳，徐顺青，等. 黄河流域生态环境保护投资分析及优化建议 [J]. 环境保护科学，2020，46（2）：6-10.

[9] 龚珺夫，李占斌，任宗萍，等. 延河流域径流过程对气候变化及人类活动的响应[J]. 中国水土保持科学，2016（5）：65-69.

[10] 万玛加. 三江源国家公园体制试点成效初显[N]. 光明日报，2020-12-11.

[11] 韩鹏，王艺璇，李岱峰. 黄河中游河龙区间河川基流时空变化及其对水土保持响应 [J]. 应用基础与工程科学学报，2020，28（3）：505-521.

[12] 韩帅帅，苗长虹，李奕灿. 黄河流域城市多中心空间结构对碳排放的影响研究[J]. 地理研究，2023，42（4）：936-954.

[13] 侯鹏，翟俊，高海峰，等. 黄河流域生态系统时空演变特征及保护修复策略研究[J]. 环境保护，2022，50（14）：26-28.

[14] 胡春宏，张双虎，张晓明. 新形势下黄河水沙调控策略研究[J]. 中国工程科学，2022，24（1）：122-130.

[15] 胡春宏，张晓明. 关于黄土高原水土流失治理格局调整的建议[J]. 中国水利，2019（23）：5-7，11.

[16] 环境保护部，国家发展改革委. 生态保护红线划定指南[Z].2017.

[17] "黄河流域生态保护和高质量发展战略研究"综合组. 黄河流域生态保护和高质量发展协同战略体系研究[J]. 中国工程科学，2022，24（1）：93-103.

[18] 黄麟, 祝萍, 肖桐, 等. 近35年三北防护林体系建设工程的防风固沙效应 [J]. 地理科学, 2018, 38 (4): 600-609.

[19] 计伟, 刘海江, 高吉喜, 等. 黄河流域生态质量时空变化分析[J]. 环境科学研究, 2021, 34 (7): 1700-1709.

[20] 蒋凡, 秦涛, 田治威. 生态脆弱地区生态产品价值实现研究——以三江源生态补偿为例[J]. 青海社会科学, 2020 (2): 99-104.

[21] 鞠颖, 陈易. 建筑运营阶段的碳排放计算——基于碳排放因子的排放系数法研究[J]. 四川建筑科学研究, 2015, 41 (3): 175-179.

[22] 李国明, 刘江, 李胜, 等. 若尔盖湿地近25年湿地变化及分形特征分析[J]. 测绘与空间地理信息, 2017 (7): 34-36.

[23] 李宗善, 杨磊, 王国梁, 等. 黄土高原水土流失治理现状、问题及对策[J]. 生态学报, 2019 (20): 7398-7409.

[24] 连煜, 张建军, 王新功. 黄河三角洲生态修复与栖息地保护[J]. 三峡环境与生态, 2015, 37 (3): 6-8, 17.

[25] 刘同凯, 贾明敏, 马平召. 强化刚性约束下的黄河水资源节约集约利用与管理研究[J]. 人民黄河, 2021, 43 (8): 70-73, 121.

[26] 刘秀华, 艾若心, 晏洋. GEP视角下河南黄河水资源节约集约利用实现路径[J]. 人民黄河, 2022, 44 (S2): 55-56, 59.

[27] 刘峥延, 李忠, 张庆杰. 三江源国家公园生态产品价值的实现与启示[J]. 宏观经济管理, 2019 (2): 68-72.

[28] 马柱国, 符淙斌, 周天军, 等. 黄河流域气候与水文变化的现状及思考[J]. 中国科学院院刊, 2020, 35 (1): 52-60.

[29] 牟雪洁, 张箫, 王夏晖, 等. 黄河流域生态系统变化评估与保护修复策略研究[J]. 中国工程科学, 2022, 24 (1): 113-121.

[30] 牛晨宇, 曾麒洁, 张志华, 等. 黄河流域水资源配置问题研究与优化[J]. 科学技术与工程, 2023, 23 (10): 4357-4366.

[31] 彭红, 郑艳爽, 尚红霞, 等. 黄河沿—唐乃亥河段水沙变化特点分析[J]. 人民黄河, 2013, 35 (4): 14-15, 117.

[32] 祁强强, 徐占军, 李娜艳, 等. 黄河流域碳排放的时空分布及影响因素研究[J]. 环境污染与防治, 2023, 45 (4): 577-582.

[33] 钱云平, 林银平, 金双彦, 等. 黄河河源区水资源变化分析[J]. 水利水电技术, 2004 (5): 8-10.

[34] 青海省发展和改革委员会. 青海三江源生态保护建设区域生态稳步恢复保护成效初显[Z].

[35] 青海省国家税务局课题组, 贺满国, 陈波. 促进三江源生态保护和建设的财税政策研究[J]. 经济研究参考, 2018, 2853 (5): 61-68.

[36] 人民网. 三江源生态保护和建设一期工程成果丰硕[Z].

[37] 尚光霞, 高欣, 夏瑞, 等. 黄河流域水生生物的多样性监测与保护对策 [J]. 环境保护, 2021, 49 (13): 13-14.

[38] 邵全琴, 樊江文, 刘纪远, 等. 基于目标的三江源生态保护和建设一期工程生态成效评估及政策建

议[J]. 中国科学院院刊，2017，32（1）：35-44.

[39] 邵全琴，樊江文，刘纪远，等. 三江源生态保护和建设一期工程生态成效评估[J]. 地理学报，2016，71（1）：3-20.

[40] 生态环境部. 黄河流域生态环境保护规划[EB/OL].（2022-06-28）. https://www.mee.gov.cn/ywgz/zcghtjdd/ghxx/202206/W020220628597264429830.pdf.

[41] 生态环境部. 生态环境部通报 2021 年 12 月和 1—12 月全国地表水、环境空气质量状况[EB/OL].（2022-01-31）. https://www.mee.gov.cn/ywdt/xwfb/202201/t20220131_968703.shtml.

[42] 生态环境部. 2021 中国生态环境状况公报[EB/OL].（2022-05-27）.https://www.mee.gov.cn/hjzl/sthjzk/zghjzkgb/202205/P020220608338202870777.pdf.

[43] 时光，任慧君，乔立瑾，等. 黄河流域煤炭高质量发展研究[J]. 煤炭经济研究，2020，40（8）：36-44.

[44] 宋敏，邹素娟. 黄河流域碳排放效率的区域差异、收敛性及影响因素[J]. 人民黄河，2022，44（8）：6-12，56.

[45] 苏贺，康卫东，曹珍珍，等. 1954—2009 年窟野河流域降水与径流变化趋势分析[J]. 地下水，2013（6）：20-23.

[46] 孙兆峰，王双银，刘晶，等. 秃尾河流域径流衰减驱动力因子分析[J]. 自然资源学报，2017（2）：136-146.

[47] 田清. 近 60 年来气候变化和人类活动对黄河、长江、珠江水沙通量影响的研究[D]. 上海：华东师范大学，2016.

[48] 王格芳，李梦程. 黄河流域水资源与区域发展时空耦合研究[J]. 干旱区资源与环境，2023，37（2）：8-15.

[49] 王浩，赵勇. 新时期治黄方略初探[J]. 水利学报，2019，50（11）：1291-1298.

[50] 王慧亮，秦天玲，严登华. 黄河流域水问题发展态势、症结及综合应对[J]. 人民黄河，2020，42（9）：107-111.

[51] 王金南. 黄河流域生态保护和高质量发展战略思考[J]. 环境保护，2020，48（增刊 1）：18-21.

[52] 王金南. 协同推进黄河流域生态保护和高质量发展 [J]. 科技导报，2020，38（17）：6-7.

[53] 王随继，闫云霞，颜明，等. 皇甫川流域降水和人类活动对径流量变化的贡献率分析：累积量斜率变化率比较方法的提出及应用[J]. 地理学报，2012，67（3），388-397.

[54] 王文浩. 甘南黄河重要水源补给生态功能区湿地保护与修复思路[J]. 生态经济（学术版）2011（1）：387-389.

[55] 王夏晖. 协同推进黄河生态保护治理与全流域高质量发展[J]. 中国生态文明，2019（6）：70-72.

[56] 王夏晖. 以高水平保护推动黄河流域高质量发展[N]. 中国科学报，2019-10-14（1）.

[57] 王新平，沈颖双，苏畅. 黄河流域城市碳排放效率时空分异及其溢出效应研究[J]. 生态经济，2023，39（4）：26-34.

[58] 王学恭，白洁，赵世明. 草地生态补偿标准的空间尺度效应研究——以草原生态保护补助奖励机制为例[J]. 资源开发与市场，2012，28（12）：1093-1095，1077.

[59] 王艳芬，陈怡平，王厚杰，等. 黄河流域生态系统变化及其生态水文效应[J]. 中国科学基金，2021，35（4）：520-528.

[60] 魏建涛，李治军. 基于负载指数的洛阳市水资源承载力评价及预测 [J]. 甘肃水利水电技术，2023，

59（7）：1-6，11.

[61] 徐新良，刘纪远，等. 中国多时期土地利用土地覆被遥感监测数据集（CNLUCC）[Z]. 中国科学院资源环境科学数据中心数据注册与出版系统.

[62] 徐新良，王靓，李静，等. 三江源生态工程实施以来草地恢复态势及现状分析[J]. 地球信息科学学报，2017（1）：50-58.

[63] 于昊辰，卞正富，陈浮. 矿山土地生态动态恢复机制：基于 LDN 框架的分析[J]. 中国土地科学，2020，34（9）：86-95.

[64] 岳立，苗菊英. 碳减排视角下黄河流域城市能源高效利用的提升机制研究[J]. 兰州大学学报（社会科学版），2022，50（1）：13-26.

[65] 张爱静，董哲仁，赵进勇，等. 黄河调水调沙期河口湿地景观格局演变[J]. 人民黄河，2013（7）：69-72.

[66] 张海欧. 毛乌素沙地综合整治现状分析及新思路[J]. 农学学报，2018（5）：55-59.

[67] 张金良. 黄河下游滩区再造与生态治理[J]. 人民黄河，2017（6）：24-27，33.

[68] 张晓昱，路杭霖，郑鹏飞. 绿色发展视角下黄河流域能源利用效率测算与趋势分析——基于收敛性与空间动态演变研究[J]. 河南师范大学学报（自然科学版），2023，51（2）：45-55.

[69] 张永凯，田雨. 黄河流域城市群碳排放与经济增长脱钩状态及驱动因素[J]. 人民黄河，2023，45（5）：30-35.

[70] 赵勇，何凡，何国华，等. 全域视角下黄河断流再审视与现状缺水识别[J]. 人民黄河，2020（4）：42-46.

[71] 中国政府网. 三江源生态保护二期工程投入超 100 亿元[Z].

[72] 中国政府网. 三江源生态保护和建设一期工程初步实现规划目标[Z].

[73] 钟妮栖，夏瑞，张慧，等. 黄河流域城市群水资源利用与经济发展脱钩关系研究[J]. 环境科学研究，2024，37（1）：102-113.

[74] 周方文，马田田，李晓文，等. 黄河三角洲滨海湿地生态系统服务模拟及评估[J]. 湿地科学，2015，13（6）：667-674.

[75] 周园园，师长兴，杜俊，等. 无定河流域 1956—2009 年径流量变化及其影响因素[J]. 自然资源学报，2012（5）：856-865.

[76] 左其亭，王鹏抗，张志卓，等. 黄河流域水资源利用水平及提升途径[J]. 郑州大学学报（工学版），2023，44（3）：12-19.

[77] ASHISH R，ZHANG F. Does energy efficiency promote economic growth evidence from a multi country and multi sectoral panel data-set[J]. Energy Economics，2017（69）.

[78] BRAUN D，JONG R D，SCHAEPMAN M E，et al. Ecosystem service change caused by climatological and non- climatological drivers：A Swiss case study[J]. Ecological Applications，2019，29.

[79] CHEN Y，ZHU M K，LU J L，et al. Evaluation of ecological city and analysis of obstacle factors under the background of high-quality development：Taking cities in the Yellow River Basin as examples[J]. Ecological Indicators，2020，118：106771.

[80] FENG X M，FU B J，LU N，et al. How ecological restoration alters ecosystem services：an analysis of carbon sequestration in China's Loess Plateau[J]. Scientific Reports，2013（3）：2846.

[81] FENG X M, SUN G, FU B J, et al. Regional effects of vegetation restoration on water yield across the Loess Plateau, China[J]. Hydrology and Earth System Sciences, 2012, 16 (8): 2617-2628.

[82] FENG X, FU B, PIAO S, et al. Revegetation in China's loess plateau is approaching sustainable water resource limits[J]. Nature Climate Change, 2016, 6: 1019-1022.

[83] GAO Y, ZHANG C, HE Q, et al. Urban ecological security simulation and prediction using an improved cellular automata (CA) approach—a case study for the city of Wuhan in China[J]. International journal of environmental research and public health, 2017, 14 (6): 643.

[84] HAO Y B, WANG Y F, HUANG X Z, et al. Seasonal and interannual variation in water vapor and energy exchange over a typical steppe in Inner Mongolia, China[J]. Agricultural and Forest Meteorology, 2007, 146 (1-2): 57-69.

[85] LIU X Q, GIPPEL C J, WANG H Z, et al. Assessment of the ecological health of heavily utilized, large lowland rivers: example of the lower Yellow River[J]. China. Limnology, 2017, 18 (1): 17-29.

[86] RASUL G, SHARMA B. The nexus approach to water-energy-food security: an option for adaptation to climate change[J]. Climate Policy, 2016, 16 (6): 682-702.

[87] SHAO Q Q, CAO W, FAN J W, et al. Effects of an ecological conservation and restoration project in the Three-River Source Region of China [J]. Journal of Geographical Sciences, 2017, 27 (2): 183-204.

[88] TIAN H, LU C, PAN S, et al. Optimizing resource use efficiencies in the food-energy-water nexus for sustainable agriculture: from conceptual model to decision support system[J]. Current Opinion in Environmental Sustainability, 2018, 33: 104-113.

[89] WESTERN S. Carrying capacity population growth and sustainable development: a case study from the Philippines[J].Journal of Environmental Management, 1988, 27: 347-368.

[90] WU Y, TAM V W Y, SHUAI C Y, et al. Decoupling China's economic growth from carbon emissions: empirical studies from 30 Chinese Provinces (2001–2015) [J]. Science of the Total Environment, 2019, 656: 576-588.

[91] ZHANG P, ZHANG L, CHANG Y, et al. Food-Energy-Water (FEW) nexus for urban sustainability: a comprehensive review[J]. Resources, Conservation and Recycling, 2019, 142: 215-224.